Das Maschinenwesen der Preussisch-hessischen Staatseisenbahnen

Im Auftrage Sr. Exzellenz des Herrn Ministers

der Öffentlichen Arbeiten in Berlin

nach amtlichen Quellen bearbeitet

von

C. Guillery

kgl. Baurat

Zweites Heft

Neuere Kraftwerke

Springer-Verlag Berlin Heidelberg GmbH

1914

Neuere Kraftwerke der Preussisch-hessischen Staatseisenbahnen

von

C. Guillery

kgl. Baurat

Mit 67 Textabbildungen

Springer-Verlag Berlin Heidelberg GmbH

1914

ISBN 978-3-662-23246-0   ISBN 978-3-662-25268-0 (eBook)
DOI 10.1007/978-3-662-25268-0

Inhaltsverzeichnis.

*) Bedeutet: mit Abbildungen.

Druckfehlerberichtigung.

Seite 82,	Tabelle,	vorletzte Zeile	Spalte	3	lies	**73**	statt	156.
„ 82,	„	„	„	„	6	„	**91**	„	182.
„ 82,	„	„	„	„	9	„	**111**	„	224.
„ 82,	„	letzte	„	„	6	„	**3,37**	„	3,32.
„ 82,	„	„	„	„	7	„	**7,4**	„	1,8.

I. Gesichtspunkte für die Errichtung von Kraftwerken.

Vor der Errichtung eines bahneigenen Kraftwerkes ist eingehend zu prüfen, ob nicht der Strombezug aus einem fremden Werke, mit Rücksicht auf die Höhe des geforderten Strompreises gegenüber den entsprechenden eigenen Erzeugungskosten, wie auch unter Einbeziehung aller in Betracht kommenden Umstände, wie geringerer Anlagekosten, Leichtigkeit einer Vergrößerung oder sonstigen Änderung der Anlage, insbesondere auch leichterer Verlegung an einen andern Platz bei erforderlicher Veränderung der Bahnhofsanlagen, vorzuziehen ist. In manchen Fällen kann seitens fremder unter besonders günstigen Bedingungen arbeitender Kraftwerke, wie u. a. das Beispiel von Saarbrücken zeigt (S. 14), der Strom zu so niedrigem Preise geliefert werden, daß sich demgegenüber die Errichtung eines bahneigenen Kraftwerkes nicht empfiehlt. Es ist indes in ähnlichen Fällen stets zunächst in erster Linie weiter zu prüfen, ob volle Gewähr für ununterbrochene Stromlieferung geboten wird. Bei erforderlicher vorübergehender Einschränkung des Betriebes des fremden Kraftwerkes ist für die Eisenbahnverwaltung, namentlich soweit die Beleuchtung von Bahnhöfen in Frage kommt, der Vorzug zu beanspruchen.

Für den Betrieb bahneigener Kraftwerke kommen vor allem Dampfturbinen (S. 6), Kraftgasanlagen (S. 51) und Dieselmaschinen (S. 81) bei größerem Kraftbedarf, Benzolmaschinen (S. 96) für kleinere Anlagen in Betracht. Wo ausnahmsweise Wasserkräfte (S. 50) oder andere wohlfeile Kraftquellen, wie Braunkohle (S. 40) oder Torf, zur Verfügung stehen oder durch geeignete Bearbeitung dem Betriebe eines Kraftwerkes dienstbar gemacht werden könnten, ist zu berücksichtigen, daß die Ausbeutung solcher billigen Kraftquellen durch die heute anstandslos verwandten hohen Fernleitungsspannungen wesentlich erleichtert und wirtschaftlicher gestaltet ist. Es ist deshalb die Ausbeutungsfähigkeit solcher Kraftquellen, die vielleicht für andere Bezirke der Eisenbahnverwaltung nutzbar gemacht werden könnten, allgemein zu prüfen[1]). Die Verwendung von Rauchkammerlösche

---

[1]) Vgl. ETZ 1912, S. 705—09: Rgbmstr. a. D. F. Bartel, Die Verwendung geringwertiger Brennstoffe zur einheitlichen Versorgung Deutschlands mit elektrischer Energie.

zum Betriebe von Sauggasanlagen hat sich als tunlich und nutzbringend erwiesen (S. 59), die Verwertung dieser und andrer minderwertiger Brennstoffe zur Heizung von Dampfkesseln, mit Zusatz von erwärmtem und zerstäubtem Teer (S. 114) oder ohne diesen[1]), ist durch die Ausbildung der Unterschubfeuerung (S. 17) und andrer besonderer Feuerungseinrichtungen erleichtert. Wirtschaftliche Nebenzwecke, wie die Verwertung der Wärme der Abgase von Kraftgasanlagen (S. 76) und die Mitverwendung des Kraftgases zu Heizzwecken (S. 79), sind im Auge zu behalten. Der

Abb. 1.   Kraftwerke im Quellgebiet der Weser.

Lüftung von Kraftgasanlagen aller Art ist besondere Sorgfalt zu widmen (vgl. S. 63).

Bei dem Entwurfe namentlich größerer Kraftwerke ist auf kurze und möglichst geradlinige Beförderungswege für den erzeugten elektrischen Strom, wie für die zu seiner Erzeugung dienenden Betriebsstoffe, Brennstoff und Speisewasser, sowie für die zu entfernende Asche und das abzuleitende, zum Dampfniederschlag gebrauchte Wasser, Bedacht zu nehmen[2]).

---

[1]) In der Wagenwerkstatt Recklinghausen zur Feuerung von Heizkesseln. Glasers Annal. 1912, Bd. 70, S. 154.

[2]) Elektrotechn. Zeitschr. 1912, Heft 29—32: G. Klingenberg, Richtlin. f. d. Bau. groß. Elektr.-Werke m. Dampfbetr.

Inzwischen sind neue Gesichtspunkte für die Errichtung staatseigener Kraftwerke hervorgetreten durch den Bau eines solchen Werkes in dem obern Quellgebiet der Weser[1]), bei dem, ebenso wie bei dem Kraftwerk zum Betrieb der elektrischen Strecken von Lauban nach Königszelt usw., auch Stromabgabe an fremde Verbraucher berücksichtigt ist. Neu ist bei dem Weserkraftwerk, daß letzterer Gesichtspunkt ausschlaggebend für den Bau dieses Kraftwerkes ist, während die Staatsverwaltung hierbei in eigenen Betrieben, zunächst wenigstens, nur den geringern Teil des erzeugten Stroms verbraucht (vgl. die Darstellung des Stromverteilungsnetzes in Abb. 1).

Die fortschreitenden Verbesserungen im Bau der Dieselmaschinen lassen diese mehr und mehr auch zum Betriebe von Kraftwerken mittleren und größeren Umfanges geeignet erscheinen. Für oft unterbrochene Betriebe, wie für Anlagen zum Aufladen der Kraftspeicher von Triebwagen (S. 90), fällt ihre stete Dienstbereitschaft ins Gewicht.

Für ganz kleine, zum Betriebe von Beleuchtungsanlagen mit etwa 45 Metallfadenlampen von 16 HK Lichtstärke ausreichende Kraftwerke sind Musteranlagen mit Benzolmaschinen entworfen und in Benutzung genommen, die fast ganz selbsttätig arbeiten und deshalb eines Mindestaufwandes an Bedienung bedürfen (S. 96). Auch Benoidmaschinen können für solche Anlagen in Frage kommen (vgl. S. 102).

Bei dem stetigen Sinken der Preise des aus fremden Kraftwerken zu beziehenden elektrischen Stromes, wie der Beschaffungskosten der Stromleitungskabel, gewinnen die Umformer-Kraftwerke wachsende Bedeutung für den Betrieb bahnseitiger Beleuchtungs- und Kraftanlagen (vgl. S. 103). Da der Strom von fremden Kraftwerken meist als Drehstrom zur Verfügung gestellt wird, der zum Kraftbetriebe durchaus geeignet ist, während Gleichstrom eine bessere Lichtausbeute und geringere Kosten für die Leitungsanlage ergibt, so ist in solchen Fällen zu prüfen, ob sich eine Umformung des Stromes der Art nach durch umlaufende, der Wartung bedürftige Umformer empfiehlt, oder ob besser, wie in Frankfurt (Main) nachträglich geschehen ist, auf diese Umformung verzichtet und nur in ruhenden Umformern die Stromspannung auf einen für den Stromverbrauch geeigneten Wert herabgesetzt wird. Der Anschluß an das fremde Netz ist stets doppelt, bei sehr ausgedehnten Anlagen auch mehrfach, und wenn irgend tunlich, von einem unterirdisch verlegten Kabelnetze aus zu bewerkstelligen.

An bemerkenswerten Einzelheiten ist die in Erfurt eingerichtete Kesselfeuerung mit Rauchkammerlösche und Grieskohle, unter Einspritzung von erwärmtem und zerstäubtem Teer in den Feuerraum, hervorzuheben (S. 114).

---

[1]) Elektr. Kraftbetr. u. Bahn. 1913, Heft 10, S. 194—202.

Bauverhältnisse der neueren Kraftwerke der

| Laufende Nr. | Der Betriebsmaschinen | | | Des erzeugten Stromes | | Leitungsspannung | Verwendung des erzeugten Stromes |
	Betriebskraft	Bauart	Anzahl einschl. Bereitschaft	Einzelleistung kW (PS)	Art [1])	Spannung Volt	spannung Volt	
1	Dampf	Turbine	1 [3])	225	Gl.	120	120	Kraft und Licht für Werkstatt und Bahnhof
2	"	"	2 [5])	300	Gl.	2 × 230	2 × 230	Kraft und Licht für die Werkstätte
3	"	"	2 1	260 + 175 150 + 125	Gl. u.Dr.	240 Gl. 3000 Dr.	240 3000	Kraft und Licht für die Werkstätten Saarbrücken und Burbach
4	"	"	7 1	1250 4000	We.	6300	6300 [6])	Bahnbetrieb Blankenese-Ohlsdorf
5	"	"	1	3000	We.	3000	60 000	Bahnbetr. Dessau-Bitterfeld
6	"	Kolbenmaschinen	1 1	215 80	Gl.	115	115	Betrieb der Werkstätte
7	"	"	2	80	Gl.	440	440	Beleuchtung d. Bahnhofes und Maschinenantrieb
8	"	"	2	170	Gl.	440	440	Beleuchtung u. Maschinenantrieb der Werkstätte
9	"	"	3 1	80 200	Gl.	· 220	220	Beleuchtung des Bahnhofes und Kraftbetrieb
10	Wasser	Turbine	1	22	Gl.	240	240	Beleuchtung des Bahnhofes (vgl. Nr. 3)
11	Leuchtgas [8])	Gasmaschine	2 [8])	30	Gl.	460	2 × 230	Beleuchtung des Bahnhofes und Kraftbetrieb
12	Kraftgas [9])	"	2	24	Gl.	220	220	" " "
13	"	"	2	33	Gl.	220	220	" " "
14	"	"	2 1	(450) (250)	Gl.	440	2 × 220	" " "
15	"	"	2	(125)	Gl.	250	250 bis 220	" " "
16	"	"	2	(55)	Gl.	220	220	Beleuchtung des Bahnhofes
17	Rauchkammerlösche	"	2	(250)	Gl.	240	240	Kraftbetrieb u. Beleuchtung der Werkstätte [10])
18	"	"	2	97—105	Gl.	230	230	Licht und Kraft für den Bahnhof u. die Werkstätte
19	"	"	3	110 (180)	Gl.	230	230	Beleuchtung des Bahnhofes
20	" ·	"	1 2	105 60	Gl.	230	230	" " "
21	"	"	2	115	Gl.	230	230	" " "
22	"	"	2	(100)	Gl.	230	230	" " "
23	"	"	2	16,5 (25)	Gl.	220	220	Beleuchtung des Bahnhofes u. Betrieb d. Wasserversorg.
24	"	"	2	(235)	Gl.	220	220	Beleuchtung des Bahnhofes
25	Braunkohlenbriketts	"	3	(160)	Gl.	230	230	" " "
26	"	"	3 1	(300) (500)	Gl.	470 bis 490	470 bis 490	" " "
27	"	"	2	(50)	Gl.	—	—	" " "
28	"	"	3	(200)	Gl.	440	440	Licht und Kraft für die Werkstätte
29	"	"	3	(100)	Gl.	230	230	Beleuchtung und Kraftversorgung des Bahnhofes
30	Paraffinöl	Dieselmaschinen	2	40 (50)	Gl.	230	230	Beleuchtung des Bahnhofes
31	—	"	1	50	Gl.	460	2 × 230	Beleuchtung und Kraftversorgung des Bahnhofes
32	—	"	2	48	Gl.	220	220	Beleuchtung des Bahnhofes
33	—	"	2	(35)	Gl.	—	—	" " "
34	Gasöl	"	2	(80)	—	—	—	" " "
35	Rohpetroleum	"	3	100	Dr.	230	230 und 3000	Licht und Kraft für den Bahnhof

reußisch-hessischen Staatseisenbahnen.

Ort des Kraftwerkes	Anzahl der jährlich erzeugten kW-st	Baukosten M.	Kosten einer erzeugten kW-St Pf[2])	Beschreibung S.	Bemerkungen
Jena	289 900	580 050[4])	—		[1]) Gl. = Gleichstrom. Dr. = Drehstrom. We. = Einphasen-Wechselstrom. [2]) Einschl. Verzinsung und Abschreibungen. [3]) In Bereitschaft 2 ältere Dampfmaschinen von 100 + 45 kW. [4]) Ohne Gebäude. [5]) Außerdem ein Dampfkompressor von 100 PS.
Danzig	—	—	—		
Saarbrücken	2 380 000	—	5,5		
Altona	22 000 000	3 300 000	—		[6]) Für eine der 5 Speiseleitungen 30 000 Volt.
Muldenstein	—	—	2,7		
Stargard	280 000	50 000	16,7		
Kirchweye	210 000	—	12,0		
Lingen	315 000	—	8,3		
Brockau	516 000	130 000	25,0[7])		[7]) Die Kosten ermäßigen sich voraussichtlich auf 22,5 Pf.
Saarbrücken	176 000	25 000	—		
Herbesthal	—	—	—		[8]) Außerdem eine Dieselmaschine von 50 kW (s. Nr. 31).
Uelzen	71 000	—	28,0		[9]) Teils Sauggas (Deutz), teils Druckgas (Körting).
Lüneburg	97 000	—	27,0		
Wahren	374 500	230 900	12,2		
Neuß	—	—	13,0		
Wunstorf	109 500	82 620	19,5		
Schneidemühl	517 650	273 910	7,7		[10]) Das Kraftwerk steht nurmehr in Bereitschaft.
Eydtkuhnen	275 000	280 171	11,6		Im ganzen waren am Ende des Jahres 1911 vorhanden: *)
Königsberg	—	—	—		1. Elektrische Triebmaschinen 19 036 mit Strom
Insterburg	571 000	—	6,9		aus eigenen Werken . . 7 004 aus fremden Werken . . 12 032
Allenstein	—	—	—		2. Gas-Triebmaschinen . . . . 236 mit Gas aus eig. Werken 106 mit Gas aus fremd. Werk. 130
Wetzlar	—	—	—		3. Petroleum-Triebmaschinen . 71
Swinemünde	52 000	39 277	16,4		4. Diesel-Triebmaschinen . . 21 5. Spiritus-Triebmaschinen . . 67
Kandrzin	—	—	—		6. Benzin-Triebmaschinen . . 163
Betzdorf	—	—	—		7. Benzol-Triebmaschinen . . 62 8. Kohlenwasserstoff-Triebmaschinen 174
Cassel	1 350 000	—	6,24		9. Heißluft-Triebmaschinen . . 3 zusammen . . . . 19 833 gegen 1910 mehr . 3686
Cochem	132 970	—	14,5		Von diesen Ende 1911 vorhandenen Triebmaschinen fanden Verwendung zum Antriebe
Delitzsch	577 063	287 844	10,6		von Wellenleitungen 1029, Pumpen 1256, Werkzeugmaschinen 4184, Kränen 1785, Aufzügen 589, Drehscheiben 382, Schiebebühnen
Güsten	—	—	—		399, Stellwerken 7862, Hebeböcken 221, elektrischen Maschinen 391, Bläsern und Saugern 983, Fahrkartendruckmaschinen 164, Steindruckpressen 50, Spills 75 und zu sonstigen
Haynau	64 800	68 467	18,8		Zwecken 463.
Herbesthal	—	—	—		
Linden (F.)	129 720	117 940	17,5		*) Nach Organ f. d. Fortschr. d. Eisenbahnw. 1913, Heft 8, S. 148.
Gerolstein	36 250	—	34,0		
Jarotschin	—	40 060[11])	—		[11]) Lediglich für 2 Dieselmaschinen.
Wustermark	476 000	181 000	8,2		

II. Beschreibung neuerer Kraftwerke.

A. Dampfkraftwerke.

1. Dampfkraftwerke mit Turbinenbetrieb.

a) Kraftwerk in Jena. (Abb. 2/5.)

In dem Kraftwerk der Hauptwerkstätte Jena ist eine von der Allgemeinen Elektrizitäts-Gesellschaft gelieferte Turbodynamo für eine Dauerleistung von 225 kW, an den Klemmen gemessen, aufgestellt. Die Art des Einbaus der Maschine nebst Zubehör ist zum Teil durch den beengten Raum des Maschinenhauses bedingt, in dem zwei von früher vorhandene kleinere Dampfdynamos, mit einer Leistung von 100 und von 45 kW, belassen sind. Letztere bleiben in Bereitschaft und liefern nachts den Strom zur Beleuchtung des Bahnhofes.

Die Turbine ist nach eigener, in Anlehnung an die Curtis-Turbine entwickelter Bauart der Allgem. Elektr.-Gesellsch. angeordnet. Ihre regelmäßige Umlaufszahl beträgt 2800/min, die Eintrittsspannung des Betriebsdampfes 10 at, bei einer Wärme von 240°. Ein Teil der Eintrittsdüsen bleibt stets geöffnet, Zu- und Abschaltung anderer Düsengruppen erfolgt von Hand nach Bedarf. Im übrigen wird die Umlaufgeschwindigkeit durch eine Drucölsteuerung mit Dampfdrosselung (Abb. 2) geregelt. Bei plötzlicher Änderung der Belastung um $\pm 25\,^0/_0$ ändert sich die Umdrehungszahl um etwa $1,5\,^0/_0$, bei plötzlicher gänzlicher Entlastung von voller Beanspruchung auf Leerlauf erhöht sich die Umdrehungsgeschwindigkeit vorübergehend um $5\,^0/_0$. Der Unterschied der Umlaufgeschwindigkeit zwischen Leerlauf und voller Belastung im Beharrungszustande ist etwa $4\,^0/_0$.

Ein selbsttätig sich schließendes Ventil zum schnellen Absperren des Dampfes für den Notfall (Abb. 3) ist vorgesehen, ebenfalls zeitweiliges Arbeiten mit Auspuff.

Unterhalb der Turbine ist der Kondensator aufgestellt, während die elektrisch angetriebene Naßluftpumpe (Abb. 4) in einem kleinen, mit Glas abgedeckten Schacht neben dem Maschinenhause und die ebenfalls elektrisch angetriebene Kreiselpumpe zur Beschaffung des Kühlwassers in dem rund 800 m entfernten Wasserturme untergebracht ist.

Die mit der Turbine gekuppelte Dynamo mit Kompensationswicklung erzeugt Gleichstrom von 120 Volt Spannung. Die ihr zugeführte Kühlluft wird vorher durch ein Filter aus getränktem Wollstoff geleitet.

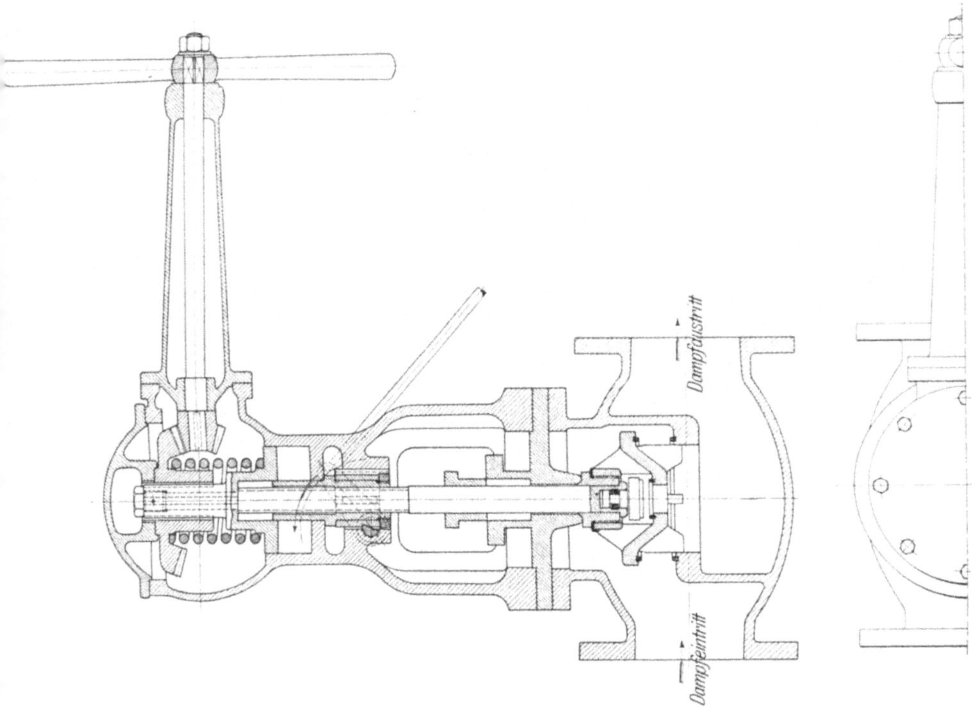

Abb. 3. Dampfabsperrventil der Turbine in Jena.

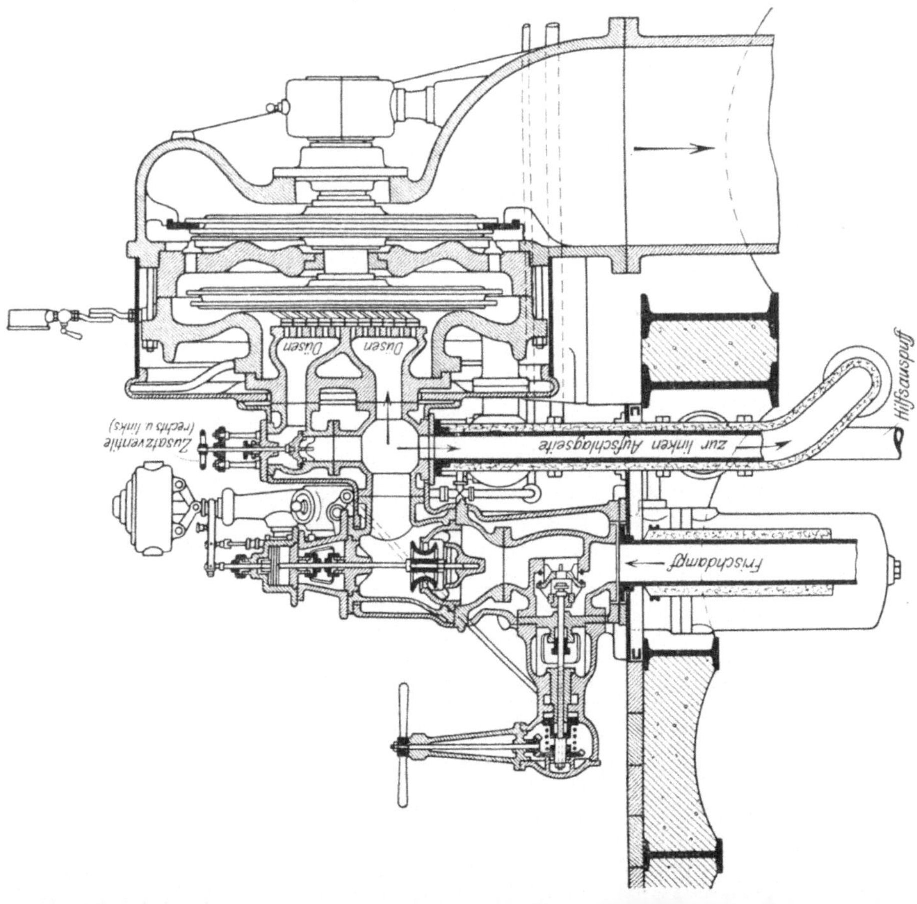

Abb. 2. Drucкölsteuerung der Dampfturbine in Jena.

Baukosten. Insgesamt waren die Bau- und Beschaffungskosten auf rund 60 000 M. veranschlagt. Im einzelnen betrugen die Kosten annähernd:

Lieferung der Turbodynamo nebst Zubehörteilen, aber ohne Dampfniederschlaganlage und ausschließlich Aufstellung . . 27 000 M.

Oberflächenkondensationsanlage mit Gegenstrom, nebst Zubehör, ohne Aufstellung . . . . 10 000 „

Verpackung der ganzen Maschinenanlage für den Versand . . 400 „

Lieferung und Aufstellung eines Laufkrans von 4000 kg Tragfähigkeit, einschließl. Laufbahn . . . . 1600 „

Aufstellung der ganzen Anlage, einschließl. Reisekosten und einschließl. Überwachung eines zweiwöchigen Probebetriebes, ausschließl. Stellung von Hilfsarbeitern, Rüst- und Hebezeugen 1600 „

Unterbau der ganzen Maschinenanlage . . . . 3000 „

Ergänzungen der Schaltanlage im Kraftwerk . . . . 550 „

Freileitung zur Kühlwasserpumpe . . . . 3400 „

Rohrleitungen für die Kühlwasserpumpe, rund 700 m gußeiserne Muffenrohre von 200 mm lichter Weite, Abflußleitung aus Zementrohren von 250 mm lichter Weite, rund 50 m lang, zusammen 8000 „

Kabel, elektrische Meß- und Schaltvorrichtungen und Ersatzteile 2000 „

Luftfilter zur Reinigung von 80 cbm/st Kühlluft . . . . . . 500 „

Insgesamt   58 050 M.

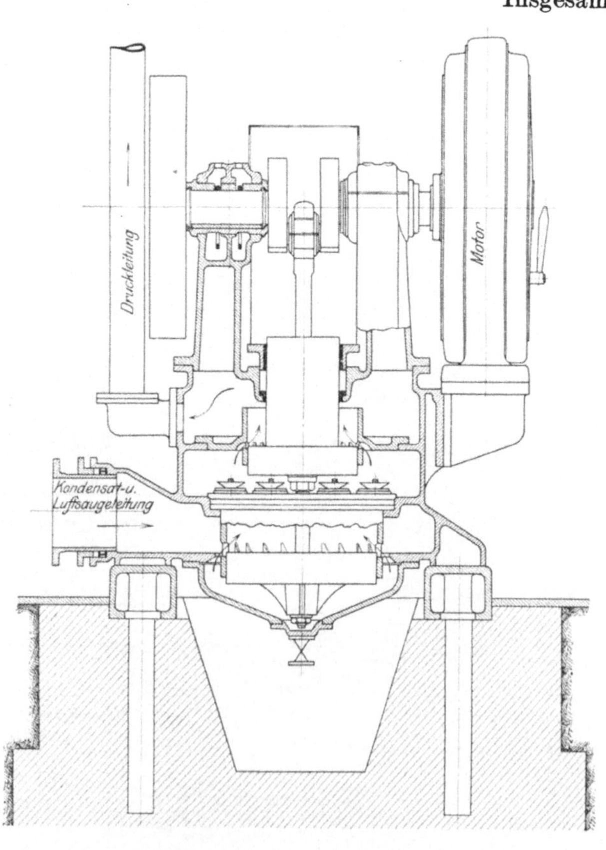

Abb. 4. Naßluftpumpe in Jena.

Betriebskosten. Gewährleistet war bei Belastung der Turbine mit
$\frac{1}{1}$ $\frac{3}{4}$ $\frac{1}{2}$ der vollen Belastung
ein Dampfverbrauch von 9,2 9,85 10,6 kg/kW-st;
ein Ölverbrauch von 120 g/st;
ein Kühlwasserverbrauch: a) für Dampfniederschlag, bei voller Belastung
und 15° Wasserwärme, 50 l für jedes Kilogramm des gewährleisteten
Dampfverbrauchs für volle Belastung; b) für Ölkühlung, bei einer Wasserwärme von 10—15° und einer Druckhöhe von 8—10 m, 10 l/min.

Bei der Abnahme sind folgende Dampfverbrauchswerte ermittelt
worden (vgl. Abb. 5):

1	2	3	4	5	6	7		8	9	10	11	12
Laufende Nr. des Versuchs	Zeitdauer des Versuchs	Menge des Dampf- niederschlags	Mittlerer Druck des Frischdampf.	Mittlere Überhitzung am Dampf- einlaßstutzen	Unterdruck am Abdampf- stutzen	Wärme des Kühlwassers		Barometer- stand	Mittlere Ge- samtleistung	Arbeitsver- brauchd.Naß- luftpumpe	Mittlere reine Leistung	Dampfver- brauch in kg/kW-st
						Eintritt	Austritt					
	Min	kg/st.	kg	°C	mm	°C	°C	mm	kW	kW	kW	Sp. 1/11
I	54′ 45″	1429,24	9,70	206,60	723	5,5	17,3	752	146,60	8,80	137,80	10,73
II	50′	1980,00	9,97	211,00	717	6,0	19,0	752	222,04	9,00	213,04	9,30

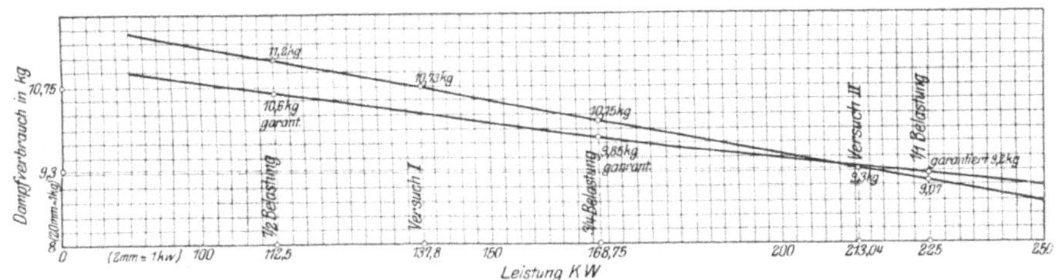

Abb. 5. Schaulinien der Turbinenleistung in Jena.

Für volle Belastung ist demnach der Dampfverbrauch der Turbine
gleich 9,07 kg oder 0,13 kg weniger als gewährleistet, obwohl die Überhitzung des Kesseldampfes erheblich hinter dem vorgesehenen Werte von
240° C für den Eintritt in die Turbine zurückblieb.

Der Dampfverbrauch der beiden ältern Dynamos, von 45 und 100 kW
Leistung, mit Kolbendampfmaschinen, beträgt 16 und 14 kg/kW-st, die
Kosten einer erzeugten kW-st betragen bei dieser ältern Anlage 12,7 Pf.,
einschl. Verzinsung und Tilgung der Bausumme.

b) Das Kraftwerk der Hauptwerkstatt Danzig[1]). (Abb. 6/7.)

Sämtliche Werkzeugmaschinen, Krane, Pumpen, Ventilatoren usw.
der Hauptwerkstätte werden einzeln oder in Gruppen durch Elektromotore

---

[1]) Voraussichtlich erfolgt demnächst eine ausführliche Veröffentlichung über dieses
Kraftwerk.

angetrieben, die den elektrischen Strom aus dem bahneigenen Kraftwerk erhalten. Dasselbe liefert ferner für die gesamten Anlagen den Strom für die Beleuchtung, den Schwachstrom für die elektrische Feuermelde- und Wächterkontrollanlage, die Läutewerke, Uhren und Fernsprecheinrichtungen, den gesamten Hochspannungsdampf, Heizdampf sowie die Preßluft.

Das Kraftwerk bildet den Mittelpunkt der auf dem Werkstätten-gelände stehenden Gebäude. Kessel- und Maschinenraum bilden die Haupt-halle, während an der einen Giebelseite die Aufenthaltsräume für das Maschinen- und Kesselpersonal, an der andern ein um den Schornstein führender geschlossener Vorbau mit den Räumen der Entseuchungsanstalt aufgeführt ist. Kessel- und Maschinenraum sind unterkellert, soweit dies die Maschinen und Kessel zulassen.

Im Maschinenraum haben 2 A.E.G.-„Curtis"-Dampfturbinen Auf-stellung gefunden, die gleicher Bauart und mit den 2 Dreileiter-Gleichstrom-erzeugern unmittelbargekuppelt sind. Letztere leisten bei Vollast je 300 kW entsprechend einer Turbinenleistung von etwa 450 PS. Die Turbinen können mit Auspuff, Dampfniederschlag oder Anzapf für die Ferndampfheizung arbeiten. Der auf 350° überhitzte Dampf tritt durch die Düsen, durch-strömt unter Einwirkung auf die Laufräder 1 oder 2 Stufen, je nachdem der Abdampf für Heizzwecke nutzbar gemacht oder niedergeschlagen werden soll. Der Dampfverbrauch einer Turbine beträgt bei Vollast (300 kW) = 7,35, bei $^3/_4$ Last (250 kW) = 7,80 kg, und bei halber Last = (150 kW) = 8,70 kg/PS-St.

Bei einer Veränderung von etwa $5\,^0/_0$ beträgt die minutliche Umlaufs-zahl 2600. Die im Keller unmittelbar unter den Turbinen aufgestellten Gegenstrom-Oberflächenkondensatoren haben je 105 qm Kühlfläche und sind für die regelmäßige Volleistung der Turbinen bemessen. Je eine stehende einzylindrige Naßluftpumpe mit eingebautem Druckwindkessel und eine Kreiselpumpe zur Förderung des nötigen Kühlwassers bilden weitere Bestandteile der Dampfniederschlaganlage. Der Ölverbrauch für eine Turbine ist verhältnismäßig gering, er beträgt etwa 90—100 g für die Be-triebsstunde. Das Öl wird mittels Pumpen im Kreislauf durch die Maschinen-lager geleitet. Hierzu sind ∼ 12—14 l Kühlwasser i. d. Minute erforderlich.

Die Stromerzeuger sind, wie eingangs erwähnt, mit der Turbinen-welle unmittelbar gekuppelt. Sie arbeiten in jeder Netzhälfte mit 230 Volt Klemmenspannung bei einer Stromstärke von 653 Amp. Mit dem Strom-erzeuger festgekuppelt ist eine Gleichstrom-Erregermaschine für 55 Volt Spannung. Da die elektrische Anlage ein Dreileiternetz besitzt, so ist unter jeder Turbine ein Spannungsteiler eingebaut. Die elektrische Kraftanlage arbeitet mit 440 Volt und umfaßt zurzeit 235 Triebmaschinen mit insgesamt 976 000 Watt Höchstleistung. Davon können durchschnittlich 168 000 Watt als im Betriebe befindlich gerechnet werden. Nur wenige Kleinmaschinen arbeiten mit 220 Volt. Der Wirkungsgrad der Trieb-maschinen beträgt durchschnittlich $90\,^0/_0$. · Die Maschinen für 440 Volt Spannung sind zwischen die beiden Außenleiter parallel, die 220 Volt-Motore zwischen einen Außen- und den Nulleiter nebeneinander geschaltet.

Die elektrische Lichtanlage umfaßt 27 Stromkreise mit 108 Bogen-lampen und etwa 600 Glühlampen.

Die Bogenlampen zu 8 Amp sind zu 4 hintereinander und die Glüh-lampen parallel geschaltet.

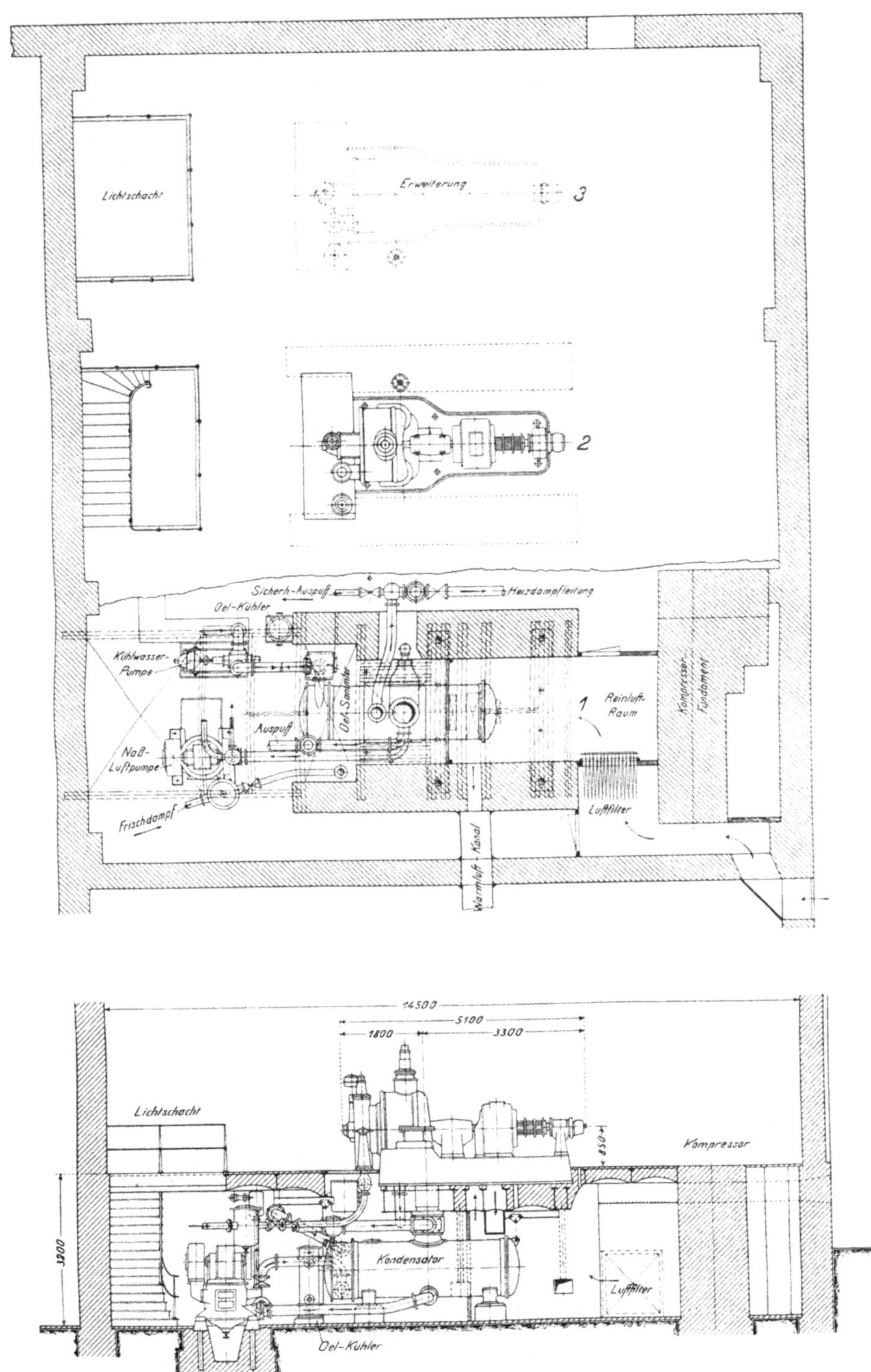

Abb. 6. Kraftwerk in Danzig.

Zur Aufspeicherung elektrischer Kraft sind für die Starkstromanlage 1 Batterie mit 250 Zellen bei 378 Amp-st für die elektrischen Läutewerke, 2 Batterien zu 24 Volt für Uhren und Fernsprecher, 2 Batterien zu 24 Volt für die elektrischen Feuermelde- und Wächterkontrollanlagen, 4 Batterien zu 20 Volt im Keller des Kraftwerks aufgestellt. Der Stromspeicher dient jedoch nur dazu, die Anlagen bei vorübergehenden Nacht- oder Sonntagsarbeiten mit Strom zu versorgen. Während des Betriebes geschieht die Spannungsreglung mittels Tyrillreglers.

Zur Erzeugung der erforderlichen Preßluft befindet sich in der Maschinenhalle 1 Einzylinder-Verbunddampfkompressor von A. Borsig. Derselbe arbeitet mit Auspuff in den im Kesselhause befindlichen Speisewasservorwärmer. Der Kraftverbrauch der Kolbenmaschine beläuft sich auf 109 PS$_i$. Der eintretende Frischdampf ist ebenfalls auf 350° C überhitzt. Der Dampfverbrauch beläuft sich bei 16,5 v. H. Füllung auf 9 kg/PS$_i$-St. Die minutliche Umdrehungszahl beträgt 160, der Hub 450 mm. Im Luftzylinder wird die angesaugte Luft (14 cbm in der Minute) auf 8 at verdichtet. Der Kühlwasserbedarf ist bei 15° C Eintrittswärme auf etwa 64 l/min bemessen.

Für die Erzeugung des Dampfes sind 3 liegende Wasserrohrkessel mit Walzenkessel und eingebautem Überhitzer im Kesselhause aufgestellt.

Die Rostfläche jedes Kessels beträgt 7,68 qm, die Heizfläche 300 und die Überhitzerfläche je 105 qm, der Kohlenverbrauch 110 kg/qm Rostfläche und Stunde. Der Wasserrohrkessel ist durch Klemmen mit den beiden oberen Walzenkesseln verbunden. Der Dampfüberdruck beträgt 12,5 at. Die Kessel sind mit Wander-Kettenrostfeuerungen versehen, die Beschickung erfolgt selbsttätig. Durch eine Hängebahn mit elektrischer Laufkatze wird der Brennstoff von den Bansen zu den Fülltrichtern der Kessel befördert. Zur Verbrennung gelangen 65 v. H. Nußkohle II und 35 v. H. minderwertige Staubkohle oder Rauchkammerlösche. Während des Sommers ist 1 Kessel, im Winter sind 2 Kessel im Betriebe. Jeder Kessel erzeugt dauernd bis zu 7500 kg Dampf/st. Das erforderliche Kesselspeisewasser wird durch den Abdampf des Dampfkompressors der Kesselspeisepumpen im Vorwärmer auf nahezu 100° C vorgewärmt. Das Speisewasser wird durch 2 liegende „Duplex"-Speisepumpen in die Kessel gedrückt. Der Durchmesser der Pumpenkolben beträgt 152, derjenige der Dampfzylinder 229, der Hub 150 mm, die Anzahl der Doppelhübe 72/min. Jeder Kessel besitzt einen Luftmengenmesser Bauart Schubert. Zur Untersuchung der Rauchgase ist ein „Rauchgasuntersucher Ados" aufgestellt. Die abziehenden Rauchgase enthalten durchschnittlich 11—12 v. H. Kohlensäure. Der erforderliche Zug wird durch einen 65 m hohen Schornstein mit 2 m oberer l. W. bewirkt. In einem Kellerkanal aufgestellte Kleinwagen fördern die Asche auf Schienenwegen vermittels der Hängebahn in bereitstehende Schuttwagen. Das für die Ergänzung des Dampfes und für den gesamten Werkstättenbetrieb erforderliche Wasser wird der dem Kraftwerk naheliegenden Druckwasseranlage des Wasserturms entnommen. Die Anlage besteht aus 2 elektrisch angetriebenen Dampfpumpen für je 40 cbm/st Leistung und dem 20 m hochgelegenen Wasserbehälter von 300 cbm Inhalt. Das Anlassen und Abstellen der Pumpen geschieht selbsttätig mittels eines im Behälter befindlichen Schwimmers. Das erforderliche Wasser wird aus 5 in der Nähe des Kraftwerks befindlichen Tiefbrunnen gepumpt, es ist weich und für Speisung von Dampfkesseln auch sonst gut geeignet. Durch Abschalten der Steige- und Abfalleitung des Wasserbehälters kann bei Inbetriebsetzen der Pumpen das ganze Leitungsnetz unter einen Druck von 6 at gesetzt werden.

Der Dampf für die Turbinen, den Kompressor, die Dampfhämmer in der Schmiede und die Pumpenversuchsstationen in der Lokomotivhalle wird der als Ringleitung ausgebildeten und mit Anschlüssen versehenen Hochdruckrohrleitung entnommen. Die Leitung ist im Kraftwerk so bemessen, daß noch ein vierter Kessel, eine dritte Turbine und ein zweiter Kompressor an dieselbe angeschlossen werden kann. Die Hochdruckrohrleitung ist für überhitzten Dampf von 13 at und 360° C eingerichtet.

Abb. 7. Kraftwerk in Danzig.

Ein auf jedem Kessel befindliches Triebventil sperrt einerseits den überhitzten, andererseits den erforderlichen Sattdampf ab. Die Sattdampfrohrleitung ist nicht als Ringleitung ausgebildet, sie dient als Heizleitung zur Versorgung der Heizkörper, der Warmwasserbereitung, der Abkocherei und der Badeanstalt mit Dampf und ist im Kraftwerk selbst für einen Betrieb von 13 at Überdruck eingerichtet. Dieser Leitung wird der Dampf für die 2 Kesselspeisepumpen und die Niederschlagwasserpumpe der Ferndampfheizleitung entnommen. Der Dampf für die Fernheizleitungen wird im Keller des Kraftwerks von 13 auf 2—3 at Überdruck herabgespannt. Wie erwähnt, wird auch der Anzapfdampf der Turbinen für die Fernheizleitungen benutzt. Wenn derselbe nicht ausreicht, wird Dampf aus der vorerwähnten Sattdampfleitung nach erfolgter Druckminderung aus dem Hauptdampfverteiler der Fernleitung benutzt. Von diesem Hauptdampfverteiler zweigen 2 unmittelbar an demselben absperrbare Leitungen (die Winter- und die Sommerleitung) ab. Beide Leitungen liegen in einem begehbaren Kanal nebeneinander und sind nur an geeigneten Stellen durch Umschaltleitungen verbunden. Die Winterleitung hat einen Durchmesser von 300 mm und die Sommerleitung einen solchen von 250 mm. Die Länge jeder dieser beiden Hauptleitungen beträgt bis zu den Verteilern der einzelnen Werkstattsgebäude rund 700 m. Das Niederschlagwasser dieser beiden Leitungen wird durch eine im Keller des Kraftwerks aufgestellte Pumpe den Dampfkesseln wieder als Speisewasser zugeführt.

Baukosten:

Kesselanlage ohne Bekohlungsanlage . . . . 69750 M.
Bekohlungsanlage . . . . 9353 „
Turbinen und Stromerzeuger mit Zubehör[1] . 101150 „
ingesamt: 180253 M.

c) Kraftwerk in Saarbrücken[2]. (Abb. 8/15.)

Das Kraftwerk Saarbrücken, mit einer jährlichen Stromabgabe von mehr als 2 000 000 kW-st, dient der Beleuchtung und Kraftversorgung der

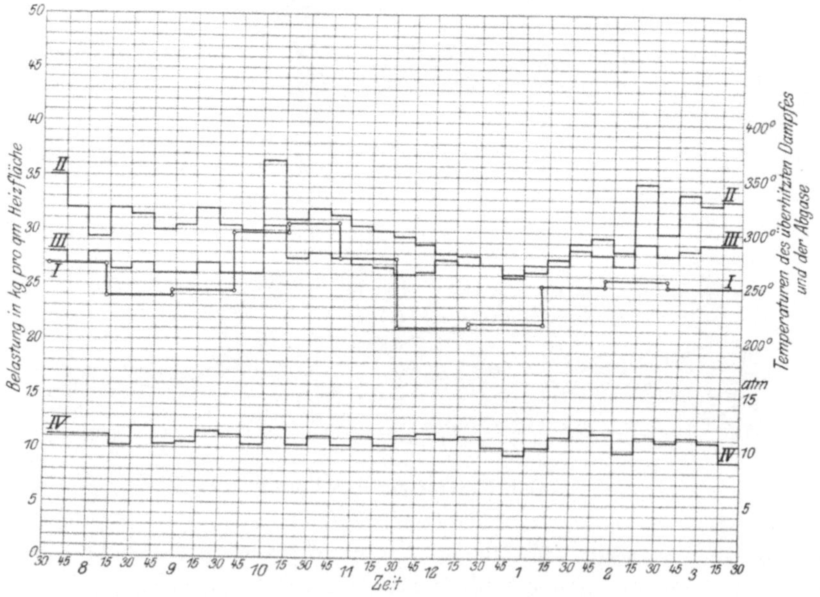

Abb. 8a. Leistung der Kessel in Saarbrücken.

Bahnhöfe Saarbrücken, Burbach, Brebach, Schleifmühle, Malstatt und Gersweiler, sowie der Hauptwerkstätten in Saarbrücken und Malstatt-Burbach und mehrerer Betriebswerkstätten.

Das 1905 in Betrieb genommene Kraftwerk ist später durch eine an das Hochspannungs-Drehstromnetz der Bergverwaltung angeschlossene Um-

---

[1] Ohne Schalttafel und ohne Leitungen für Licht und Kraft.
[2] Vgl. Ztg. d. Ver. Deutsch. Eis.-Verw. 1905, S. 1372; Z. Ver. deutsch. Ing. 1911, S. 1125.

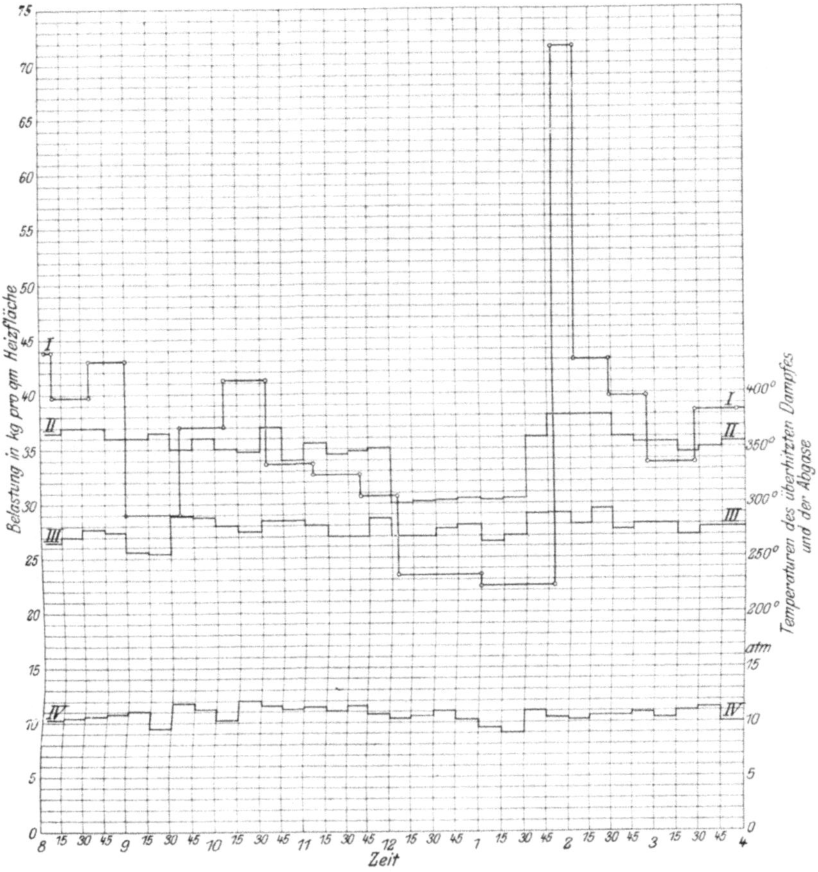

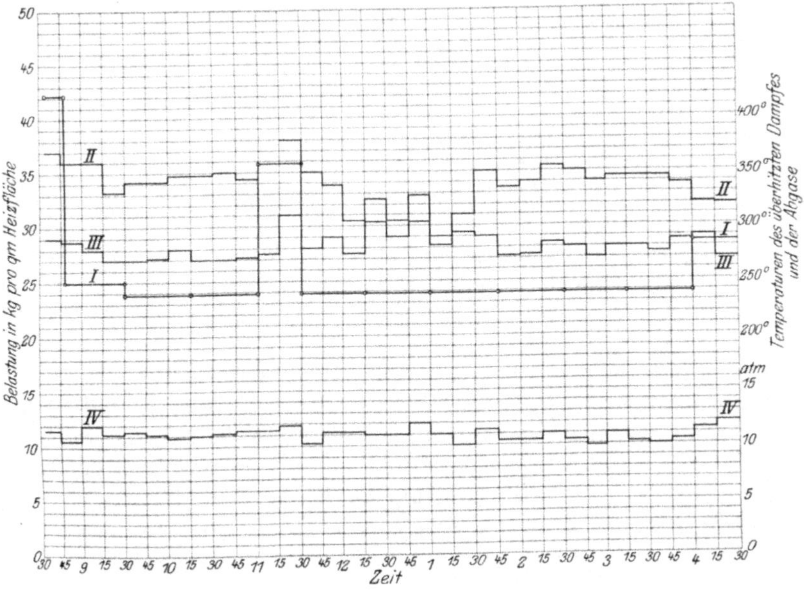

Abb. 8b. Leistung der Kessel in Saarbrücken.

Abb. 8c. Leistung der Kessel in Saarbrücken.

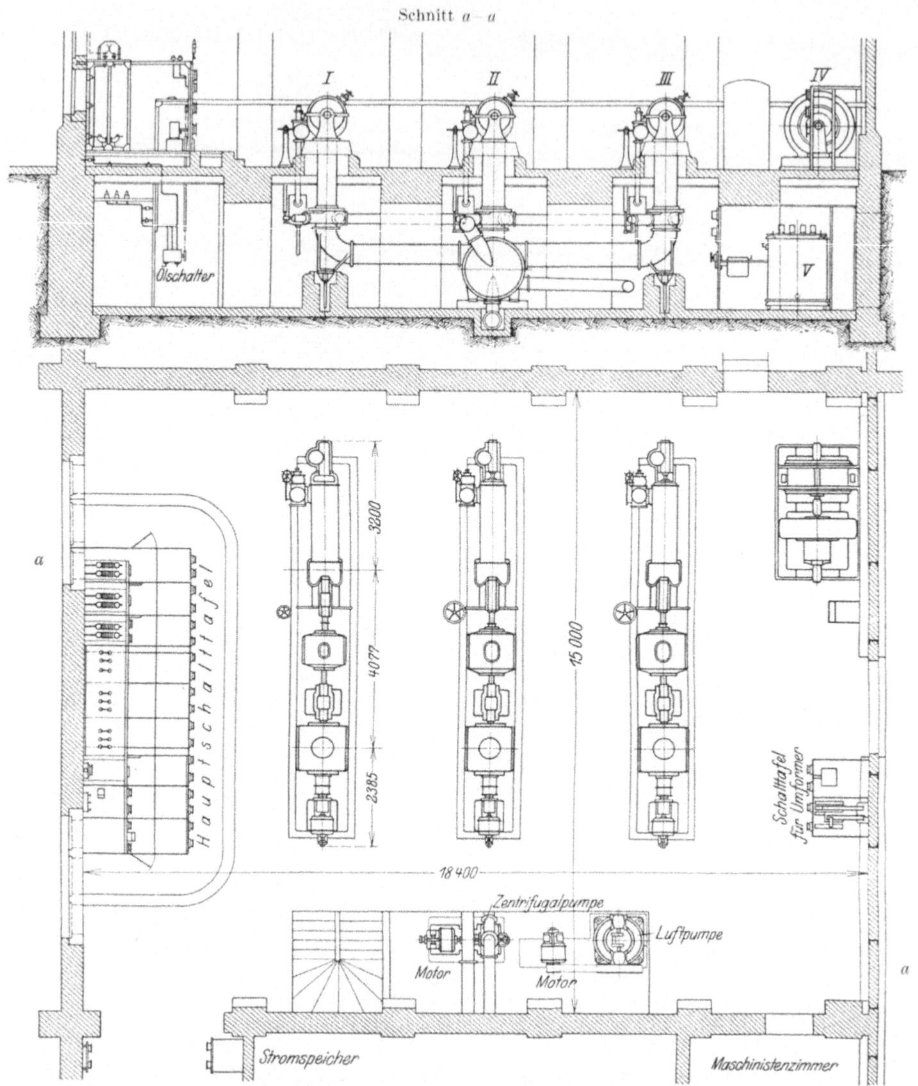

Abb. 9. Kraftwerk in Saarbrücken.

formeranlage gegen Betriebsstörungen durch etwaiges Versagen der eigenen Maschinenanlage gesichert worden, indem letztere nurmehr zur Deckung des regelmäßigen Strombedarfs ausreicht und keine genügende Betriebskraft in Bereitschaft enthält.

Die Kesselanlage besteht aus 2 Humboldtkesseln (Zweiflammrohr- mit oberem Rauchröhrenkessel), mit je 150 qm Heizfläche und 50 qm Überhitzerfläche, bei einer Gesamtgrundfläche von 50 qm für beide Kessel, 2 Kesseln der Bauart Babcock-Wilcox mit je 226 qm Heizfläche und 35 qm Überhitzerfläche, bei einer Gesamtgrundfläche von 26 qm, und 2 Hochleistungskesseln der Bauart Garbe[1]), mit je 225 qm Heizfläche und 46 qm

---

[1]) Siehe S. 41.

Überhitzerfläche, je 13,5 cbm Wasserinhalt und 10 qm Verdampfungsfläche, bei einer Grundfläche von insgesamt nur 39 qm. Die Babcock-Wilcox-kessel sind mit Kettenrostfeuerung versehen, die Garbekessel mit einer Unterschubfeuerung der Bauart Nyeboe & Nissen[1]), die sich für minderwertige und feinkörnige Kohle der Kettenrostfeuerung überlegen gezeigt hat. Die Kohlen werden bei der Unterschubfeuerung durch eine im Grunde einer Mulde gelagerte und durch den Kolben eines Dampfzylinders hin und her bewegte Platte eingeführt. Zu beiden Seiten der Mulde sind, nach dieser zu steigend, Längsroste angeordnet, deren Stäbe zur Verteilung des Brennstoffes und zur Ausscheidung der Rück-

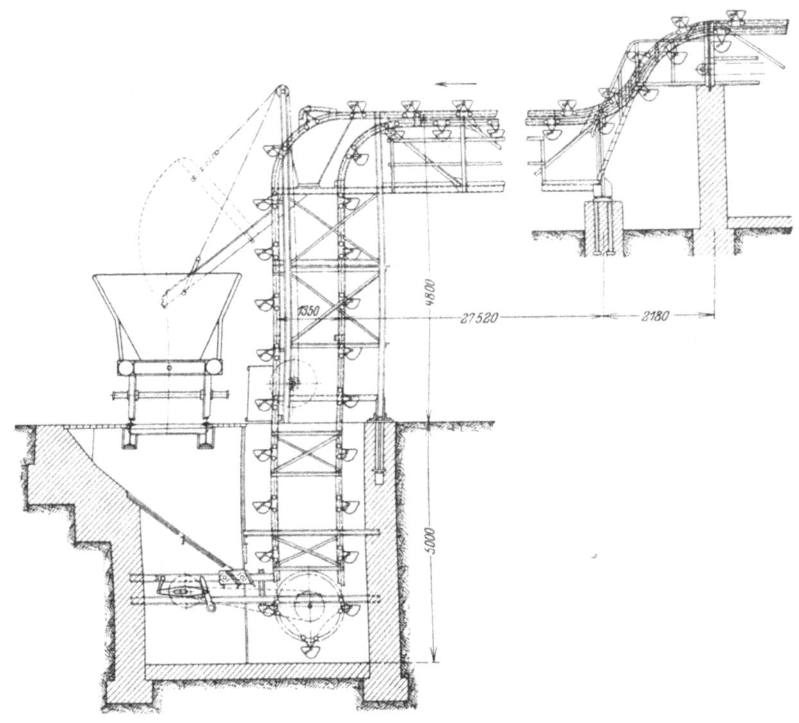

Abb. 10. Bekohlanlage in Saarbrücken.

stände abwechselnd kurze Schwingungen in der Querrichtung ausführen. Durch Unterwind wird die Verbrennung gefördert und der Rost gekühlt. Die hohen hierbei erzielten Wärmegrade im Verbrennungsraume mindern die Neigung der Kohle zum Backen. Der Kesseldruck beträgt 12 at, die Wärme des überhitzten Dampfes etwa 280°. Die Dampfleitung aus Mannesmann-Stahlrohren ist als Doppelleitung ausgeführt, deren Abkühlungsoberfläche geringer ist als die einer Ringleitung, weil immer nur einer der beiden Stränge unter Dampf steht. Ventile und Formstücke für Zweigleitungen sind aus Stahlguß gefertigt. Das aus der Rohrleitung gesammelte Niederschlagwasser wird wieder zur Kesselspeisung verwendet.

---

[1]) Z. Ver. deutsch. Ing. 1910, S. 323; 1904, S. 1225.

Verdampfungsversuche im Kraftwerk auf Bahnhof Saarbrücken.

	Versuch I	Versuch II	Versuch III
Tag des Versuches	21. 6. 1910	22. 6. 1910	23. 6. 1910
Wasserberührte Heizfläche des Kessels . in qm	225	225	225
Heizfläche des Überhitzers . . . . „ „	46	46	46
Rostfläche, Unterschubfeuerung . . . . „ „	4,4	4,4	4,4
Verhältnis der Rostfläche zur Heizfläche . . .	1 : 51,1	1 : 51,1	1 : 51,1
Wasserinhalt des Kessels . . . . . in cbm	13,48	13,48	13,48
Verdampfungsoberfläche . . . . „ qm	9,98	9,98	9,98
Dauer des Versuches	7 st 55 min	7 st 52 min	7 st 56 min
Brennstoff.			
Verfeuerte Kohlensorte	Göttelborn	Göttelborn	Göttelborn
Heizwert nach kalorimetrischer Ermittelung . .	6846	6516	6733
Verheizt: im ganzen . . . . kg	5934	8509	6029
in der Stunde . . . . „	749,5	1081,6	760
„ „ „ auf 1 qm Rostfläche „	170,3	245,8	172,7
„ „ „ „ 1 „ Heizfläche „	3,33	4,80	3,37
Herdrückstände.			
Im ganzen . . . . kg	623	806	560
In v. H. des Brennstoffes	10,49	9,47	9,28
Heizgase.			
Temperatur der eintretenden Luft . . . . ^{0}C	28	25	22
„ am Kesselende . . . . ^{0}C	339	351,7	306
Unterdruck unter dem Rost. . . . mm WS.	19,18	23,9	7,78
Zugstärke am Kesselende . . . . . „	13,7	18,3	13,8
Zusammensetzung der Heizgase am Kesselende.			
Gehalt an Kohlensäure . . . . . in Vol.-v. H.	12,16	13,65	12,83
„ „ Sauerstoff . . . . . „ „ „ „	6	6	6
„ „ Kohlenoxyd . . . . . „ „ „ „	—	—	—
„ „ Stickstoff . . . . . „ „ „ „	81,84	80,35	81,17
Vielfaches der theoretischen Luftmenge . . .	1,38	1,39	1,385
Speisewasser.			
Temperatur des Speisewassers beim Eintritt in den Kessel . . . . t^0 C	35,6	32,5	35,5
Verdampft im ganzen . . . . kg	44319	62178	45662
„ in der Stunde . . . . „	5598	7904	5756
„ „ „ „ 1 qm Heizfläche . „	**24,88**	**35,13**	**25,58**
„ „ „ „ 1 „ „ bezogen auf Wasser v. 0^0 u. Dampf v. 100^0 (639,7 WE)	26,64	37,68	27,21
Dampf.			
Mittlerer Überdruck . . . . . . kg/qcm = p	10,93	10,7	10,9
Entsprechende Temperatur . . . . . = ts^0 C	186,6	185,8	186,5
Temperatur des überhitzten Dampfes = ta^0 C	281	276,6	272
Erzeugungswärme von 1 kg gesättigtem Dampf (nach Mollier) . . . . WE	632,4	635,3	632,5
Erzeugungswärme von 1 kg überhitztem Dampf (nach Mollier) . . . . WE	685,1	686,1	680,5
Verdampfung.			
a) 1 kg Kohle hat aus Wasser von t^0 C, Dampf von p kg und von ta^0 C erzeugt	7,469	7,307	7,573
b) 1 kg Kohle hat aus Wasser von 0^0 C, Dampf von 100^0 C (639,7 WE) erzeugt	7,999	7,837	8,056

Wärmebilanz in	**v. H.**	**v. H.**	**v. H.**
Nutzbar gemacht:			
a) zur Dampfbildung	68,992	71,245	71,148
b) zur Überhitzung	5,749	5,697	5,399
Insgesamt nutzbar gemacht	**74,741**	**76,942**	**76,547**
Verloren:			
a) durch freie Wärme in d. abziehenden Gasen	16,624	15,556	14,388
b) Restverluste	8,635	7,502	9,065

Saarbrücken, im März 1911.

Die Betriebsergebnisse mit diesen Kesseln sind sehr günstig. Bei einem dreitägigen Versuchsbetrieb im Juni 1910 fand sich[1]) Verdampfung auf 1 qm Heizfläche 24,9; 35,1 und 25,6 kg; Wärme des überhitzten Dampfes 281, 277 und 272 °, mittlerer Kesselüberdruck 10,8 at. Verfeuert wurde Göttelbornkohle mit einem ermittelten Heizwert von 6846, 6515 und 6733 WE. Dabei waren die Kessel entgegen den Vereinsvorschriften nicht gereinigt worden, um einen dem regelmäßigen Betriebe entsprechenden Zustand herzustellen. Auch konnten die Kessel nicht ununterbrochen gespeist werden,

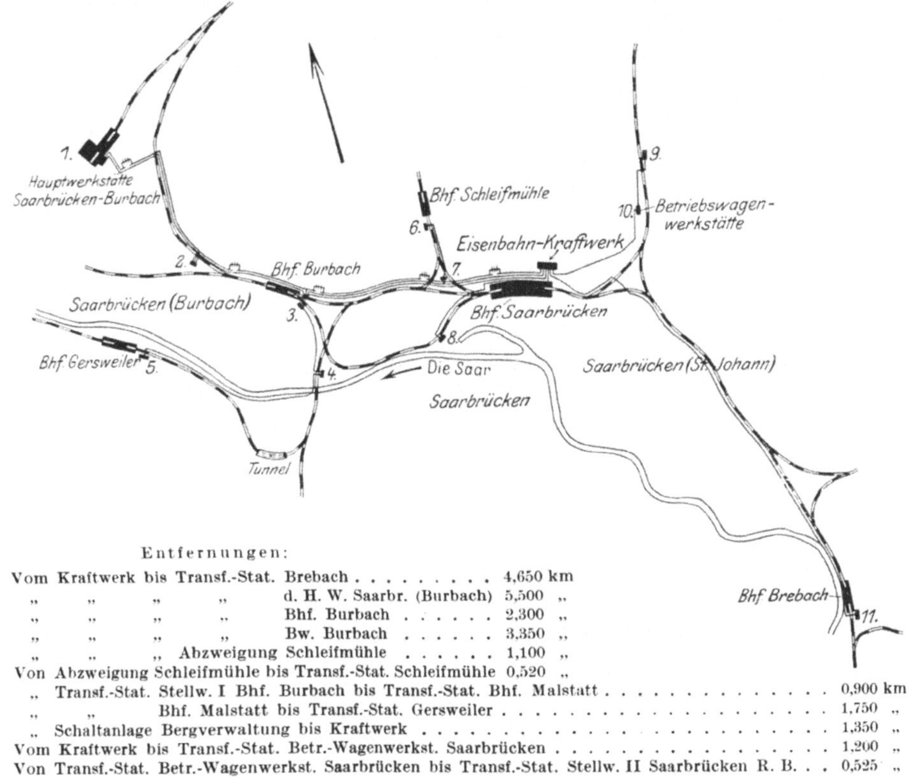

Entfernungen:

Vom Kraftwerk bis Transf.-Stat. Brebach . . . . 4,650 km
  „   „   „   „   d. H. W. Saarbr. (Burbach) 5,500 „
  „   „   „   „   Bhf. Burbach . . . . . . 2,300 „
  „   „   „   „   Bw. Burbach . . . . . . 3,350 „
  „   „   „ Abzweigung Schleifmühle . . . . 1,100 „
Von Abzweigung Schleifmühle bis Transf.-Stat. Schleifmühle 0,520 „
  „ Transf.-Stat. Stellw. I Bhf. Burbach bis Transf.-Stat. Bhf. Malstatt . . . . 0,900 km
  „   „   Bhf. Malstatt bis Transf.-Stat. Gersweiler . . . . 1,750 „
  „ Schaltanlage Bergverwaltung bis Kraftwerk . . . . 1,350 „
Vom Kraftwerk bis Transf.-Stat. Betr.-Wagenwerkst. Saarbrücken . . . . 1,200 „
Von Transf.-Stat. Betr.-Wagenwerkst. Saarbrücken bis Transf.-Stat. Stellw. II Saarbrücken R. B. . . . 0,525 „

Abb. 11. Gesamtlageplan für das Kraftwerk in Saarbrücken.

weil die Meßvorrichtungen nicht ausreichten, und die Ausnutzung der Kesselanlage war keine vollständige, weil die erzeugte Dampfmenge nicht immer vollständig verwandt werden konnte. Der Wert der nutzbar gemachten Wärme war 74,7; 76,9 und 76,5 v. H. Der Kohlensäuregehalt der Rauchgase betrug im Mittel 13 v. H., für Saarkohle ein besonders günstiger Wert. Die Verbrennung war fast rauchfrei bei sehr geringem Luftüberschuß. Bei äußerster Anstrengung des Kessels ist auf kurze Zeit eine Höchstleistung von 71 kg Dampf/qm Heizfläche erzielt worden. In den Wintermonaten 1910/11 haben die Kessel durchschnittlich 30 kg und auf je $3^1/_2$ Stunden täglich 40 kg Dampf/qm Heizfläche entwickelt. In

---

[1]) Z. Ver. deutsch. Ing. 1909, S. 1883 und Haier, Dampfkesselfeuerungen (1910).

den Monaten von Mai bis Oktober wurden durchschnittlich 32 kg und dreimal wöchentlich auf je $^3/_4$ St. 45 kg Dampf/qm Heizfläche geliefert. Obwohl die Stromerzeugung in dieser Zeit um 90 000 kW-st höher war als im verflossenen Jahre, ist durch den Einbau der neuen Garbekessel an Stelle älterer, sonst auch gut gebauter Röhrenkessel der Kohlenverbrauch um 10,2 v. H. herabgegangen. Für Verfeuerung von ungesiebtem Fettkohlengries Louisenthal mit einem Heizwert von 6050 WE/kg haben sich die Garbekessel mit Unterschubfeuerung ebenfalls bewährt. Es wurden in 7 Stunden 7500 kg verfeuert und 28 cbm *Wasser* verdampft. Das gute Ergebnis wird auf die fast senkrechte Anordnung der Heizrohre, die dadurch rein bleiben, die gute Führung der Heizgase und die Unterschubfeuerung zurückgeführt. Als weitere Vorteile der Garbekessel werden angegeben: Fortfall der Rohrverschlüsse und dadurch erleichterte Reinigung, geringe Kesselsteinablagerung in den fast senkrecht angeordneten Rohren, trockner Dampf und gleichmäßige Dampfentwickelung, weil der Dampf ohne den Umweg durch Wasserkammern oder Sammelrohre unmittelbar in den Oberkessel eintritt. Gleichmäßige Überhitzung ist ebenfalls leicht und ohne Regelung der Überhitzerklappen erreicht worden. Zur Kesselspeisung dienen zwei Dreikolbenpumpen und eine Dampfstrahlpumpe von je 24 cbm/st Leistung. Die, auch zur Erhöhung des Druckes für den Fall eines Brandes, an das Wasserversorgungsnetz des Bahnhofs angeschlossenen Kolbenpumpen sind durch im Nebenschluß regelbare elektrische Motoren angetrieben und stets dienstbereit, indem die Stromzuführungsleitung an die Sammlerbatterie mit ursprünglich 132 Zellen und einer Leistung von 440 Amp-st, jetzt 1300 Amp-st bei zweistündiger Entladung, angeschlossen ist. Die Zufuhr der Kohlen zu den Bunkern des Kesselhauses und die Abfuhr der Asche erfolgt durch eine Förderanlage, Bauart Busse. Von den Bunkern zu den Schüttrichtern der Feuerungen wird die Kohle durch zwei Förderschnecken, ein Becherwerk und drei Paar Schüttrinnen geschafft, die durch eine staubdicht gekapselte Gleichstrommaschine von 7 PS Leistung angetrieben werden. Diese von J. A. Topf & Söhne (Erfurt) gelieferte Anlage leistet 5000 kg/st. Verfeuert wird Nußkohle.

Die Maschinenanlage besteht aus drei Dampfturbinen der Bauart Brown, Boveri-Parsons mit zugehörigen Stromerzeugern. Für den Kraftbetrieb in der Werkstatt Saarbrücken und zur Beleuchtung wird Gleichstrom von 240 Volt Spannung, für die Kraftübertragung nach der 6 km entfernten Werkstatt Burbach Drehstrom von 3000 Volt Spannung und 45 Per./sek erzeugt, und zwar ist jede Dampfturbine mit je einem Drehstrom- und einem Gleichstromerzeuger und mit der zugehörigen Erregermaschine gekuppelt. Eine Turbine mit Stromerzeugern für 260 kW Gleichstrom $+$ 175 kW Drehstrom, bei cos $\varphi = 0,8$, deckt den Tagesbedarf, eine zweite gleich große steht in Bereitschaft und eine dritte mit Stromerzeugern für 140 kW Gleichstrom $+$ 125 kW Drehstrom läuft während der Tagesstunden allein, solange nicht Beleuchtungsstrom für die Werkstätten erforderlich ist. Im andern Falle muß während der entsprechenden Zeit bis 6 $^1/_2$ Uhr abends eine der großen Turbinen mitlaufen. Für ungleichmäßige Belastung der beiden Stromerzeuger desselben Satzes ist ein Ausgleich dadurch geschaffen, daß die Zusatzmaschine zum Laden der Speicherbatterie mit einer Gleichstrom- und einer Drehstrom-Synchronmaschine gekuppelt ist, so daß die Gleichstrommaschine als Motor und die Dreh-

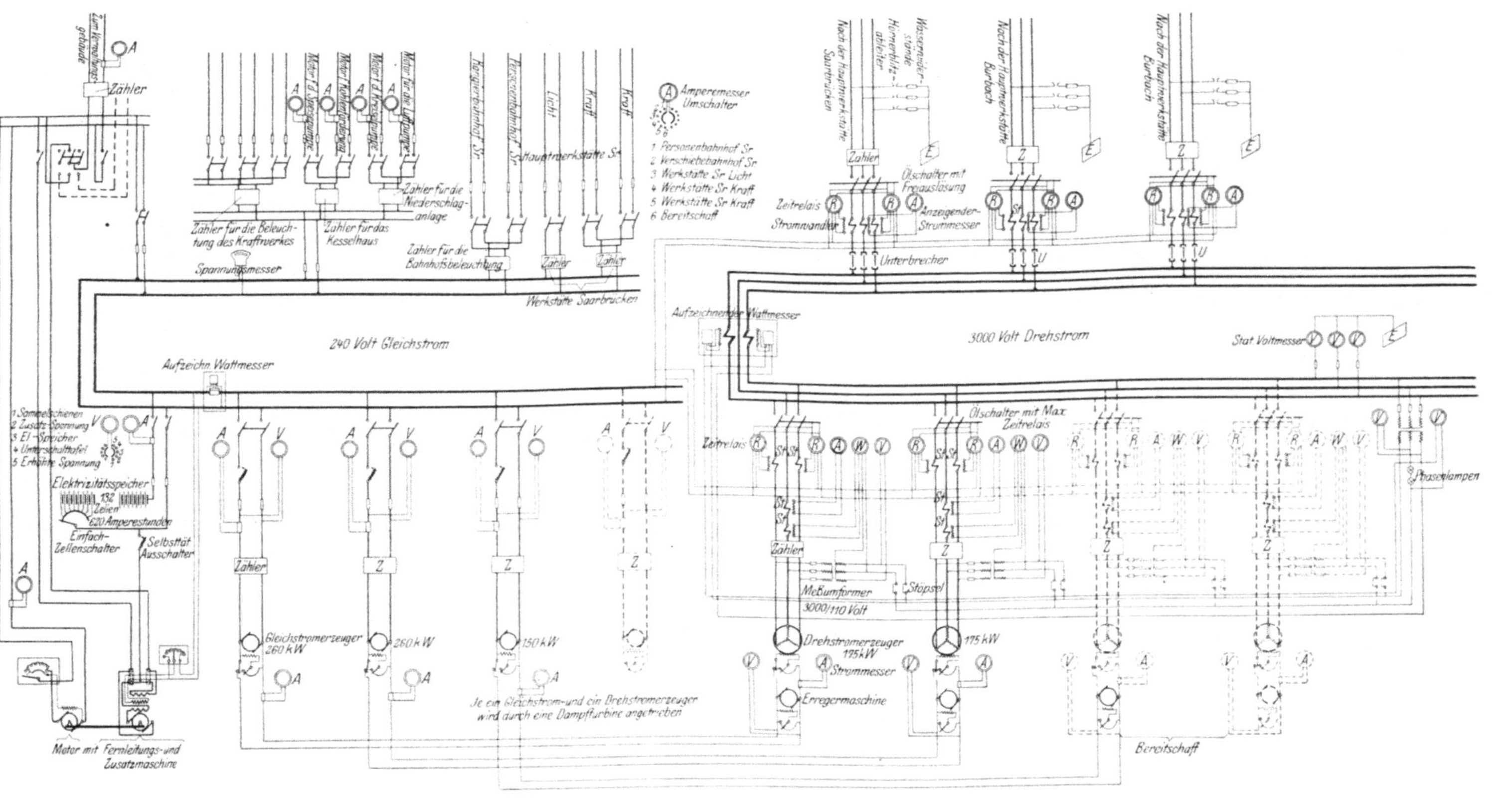

Abb. 12a. Schaltplan in Saarbrücken.

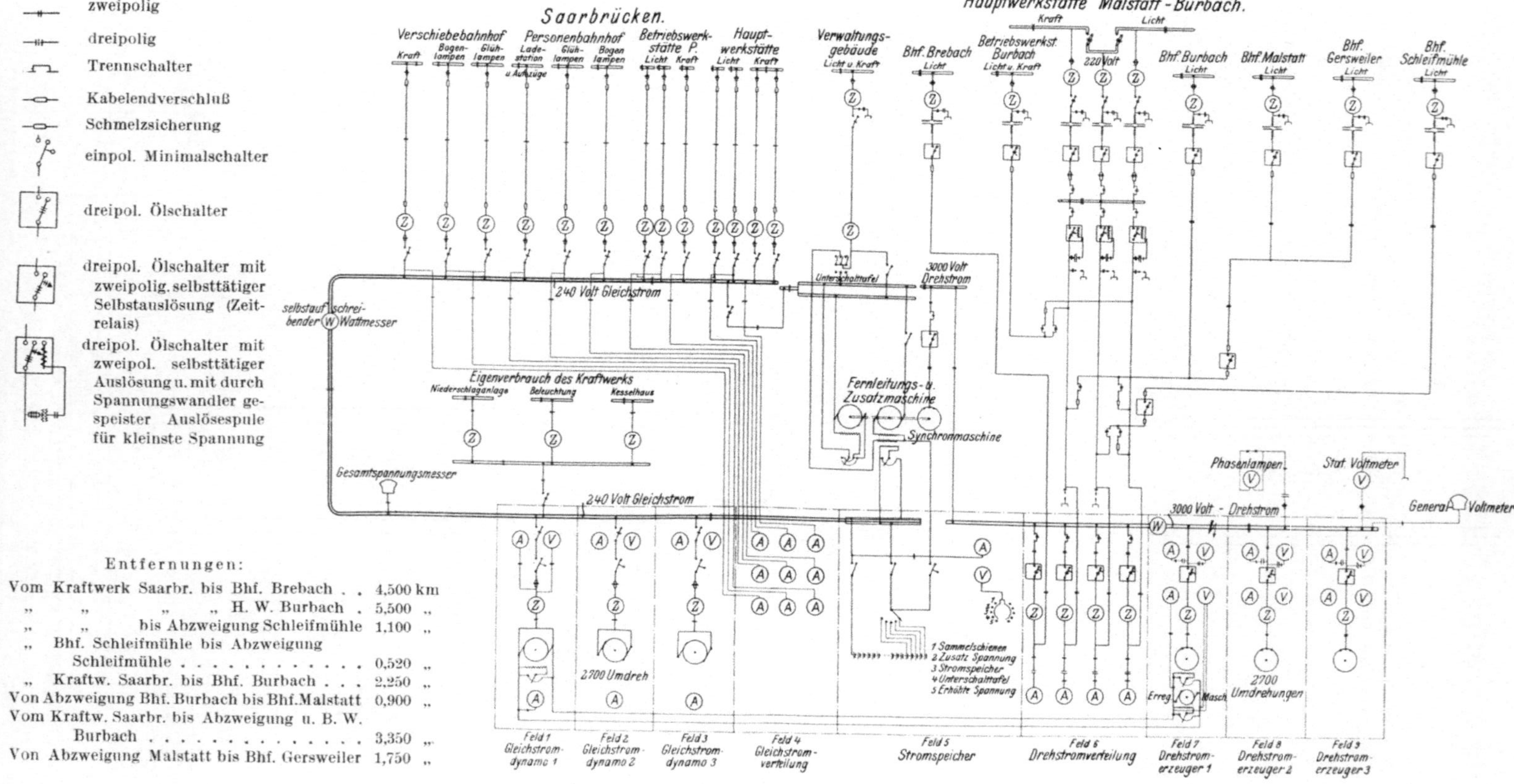

Entfernungen:

Vom Kraftwerk Saarbr. bis Bhf. Brebach . . 4,500 km
  „   „   „ H. W. Burbach . . 5,500 „
  „   „   bis Abzweigung Schleifmühle 1,100 „
  „ Bhf. Schleifmühle bis Abzweigung
     Schleifmühle . . . . 0,520 „
  „ Kraftw. Saarbr. bis Bhf. Burbach . . . 2,250 „
Von Abzweigung Bhf. Burbach bis Bhf.Malstatt 0,900 „
Vom Kraftw. Saarbr. bis Abzweigung u. B. W.
     Burbach . . . . 3,350 „
Von Abzweigung Malstatt bis Bhf. Gersweiler 1,750 „

Abb. 12b. Schaltplan in Saarbrücken.

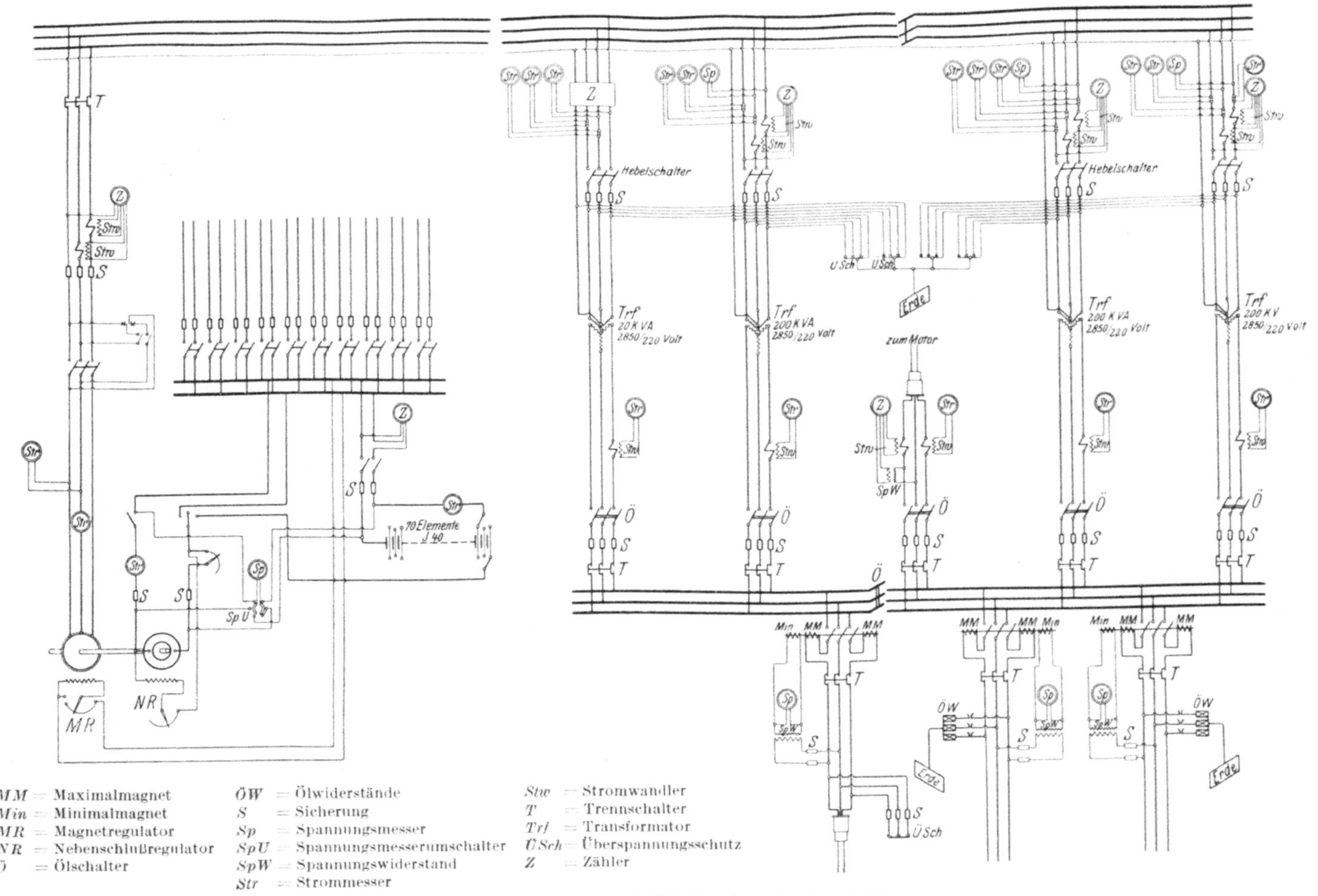

Abb. 12c. Umformer- und Schaltanlage in Saarbrücken.

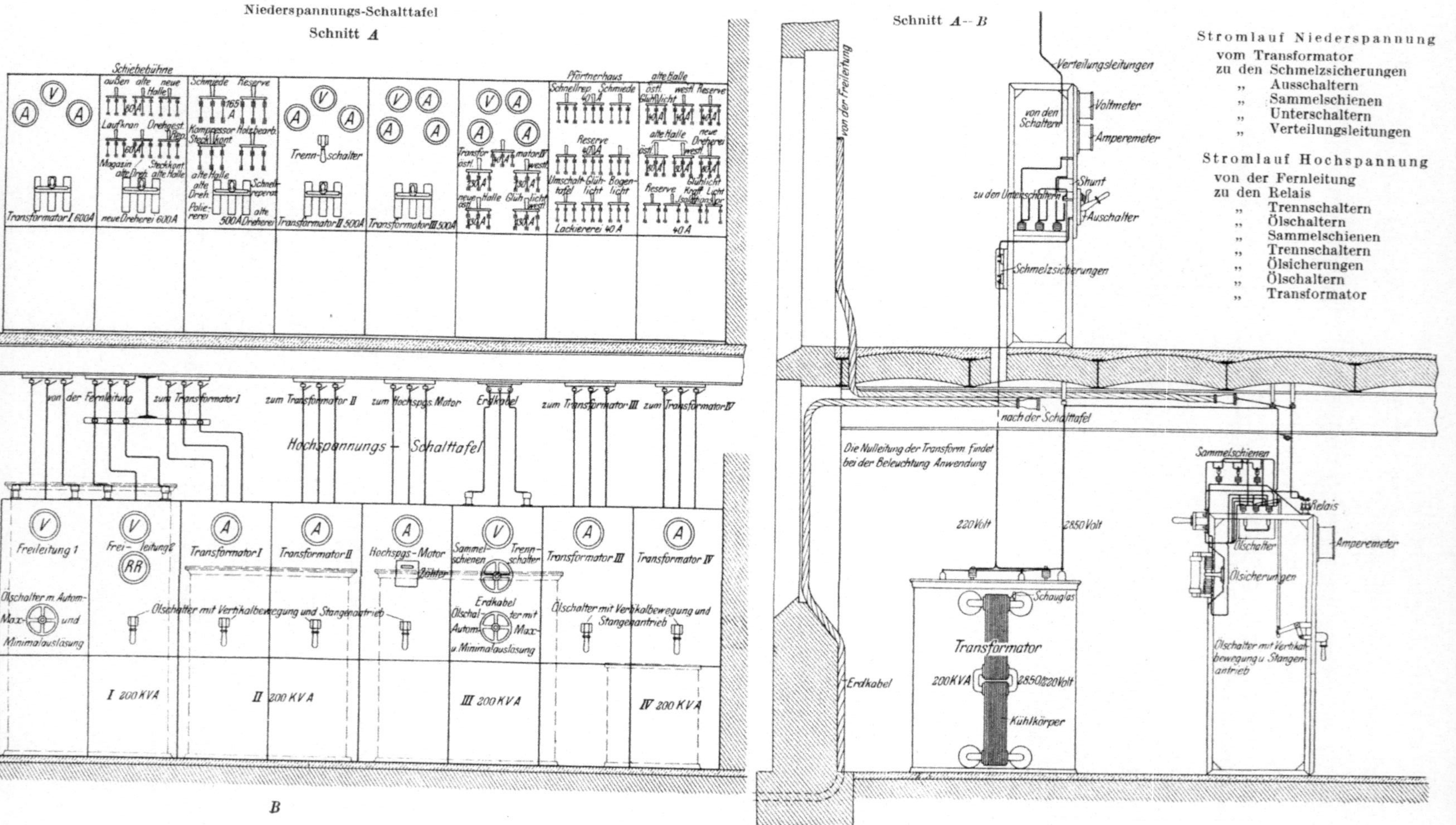

Abb. 13. Schalttafel in Saarbrücken.

strommaschine als Stromerzeuger laufen kann und umgekehrt (vgl. S. 28). Die Speicherbatterie reicht für den Tagesbedarf an Sonn- und Feiertagen allein aus und kann auf die angegebene Art dann auch den erforderlichen Drehstrom liefern. Im übrigen ist die Zusatzmaschine als Hauptschluß-Zusatzmaschine (Fernleitungsdynamo) gebaut, so daß für die nur während kurzer Zeit erforderliche große Strommenge zur Beleuchtung des Verwaltungsgebäudes verhältnismäßig schwache Leistungen genügen und die Spannung am Speisepunkte dieses Gebäudes gleichmäßig erhalten werden kann. Die Stromsammler der Gleichstromerzeuger werden durch Druckluft von 3 at Spannung gekühlt, die mittels gelochter Gasröhren unter die Stromsammler geführt wird.

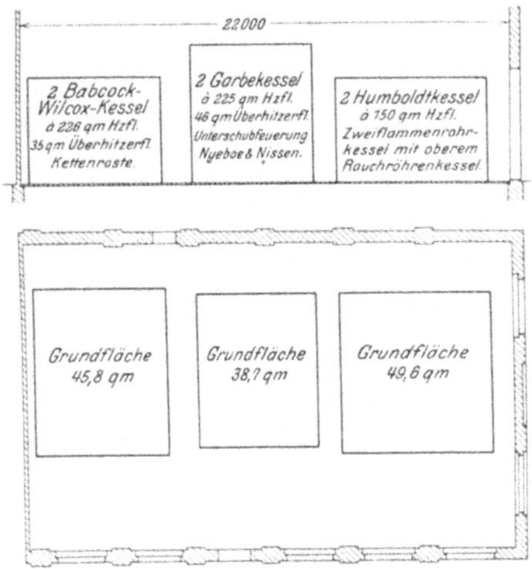

Abb. 14. Aufstellung der Dampfkessel in Saarbrücken.

Der Dampfverbrauch der mit Dampfniederschlag durch Oberflächenkühlung arbeitenden Turbinen beträgt bei induktionsfreier Belastung, einschl. Stromverbrauch für die Erregung, auf 1 kW-st

bei den großen Turbinen: Belastung 435 kW: 10,3 kg,
„ 326 „ 11,1 „
„ 217,5 „ 12,7 „
bei der kleinen Turbine: „ 275 „ 11,1 „
„ „ „ „ „ 206 „ 12,0 „
„ „ „ „ „ 137,5 „ 14,0 „

Für induktive Belastung erhöht sich der Dampfverbrauch um rund 3 v. H.

Die Niederschlaganlage ist im Kellergeschoß des Maschinenhauses so aufgestellt, daß die elektrisch angetriebenen Pumpen durch den Laufkran des Maschinenhauses, von 5000 kg Tragfähigkeit erreicht werden können. Die Einrichtungen zur Messung und Verteilung des elektrischen Stroms sind im Kellergeschoß untergebracht, können aber zum Teil vom Maschinenraume aus beobachtet und gehandhabt werden. Für die Hochspannungsölschalter der Maschinen und der Zweigleitungen ist elektromagnetische Druckknopfsteuerung vorgesehen. Die Hochspannungsleitungen sind durch selbsttätige Ausschalter (Zeitrelais) gegen die Wirkung von Kurzschlüssen geschützt, eine Stromabschaltung erfolgt erst nach bestimmter Zeitdauer des Kurzschlusses oder sonstiger Erhöhung der Stromstärke um bestimmten Betrag.

Der Bereitschaftsanschluß an das Hochspannungsnetz der Bergverwaltung ist durch zwei Umformer bewirkt, deren einer, von 500 kW Leistung, ein Spannungsumformer ist und die Drehstromspannung von 10 000 auf 3000 Volt herabsetzt, während der zweite, von 300 kW Leistung, ein Drehstrom-Gleichstromumformer ist, der durch 3000 Volt Spannung betrieben wird.

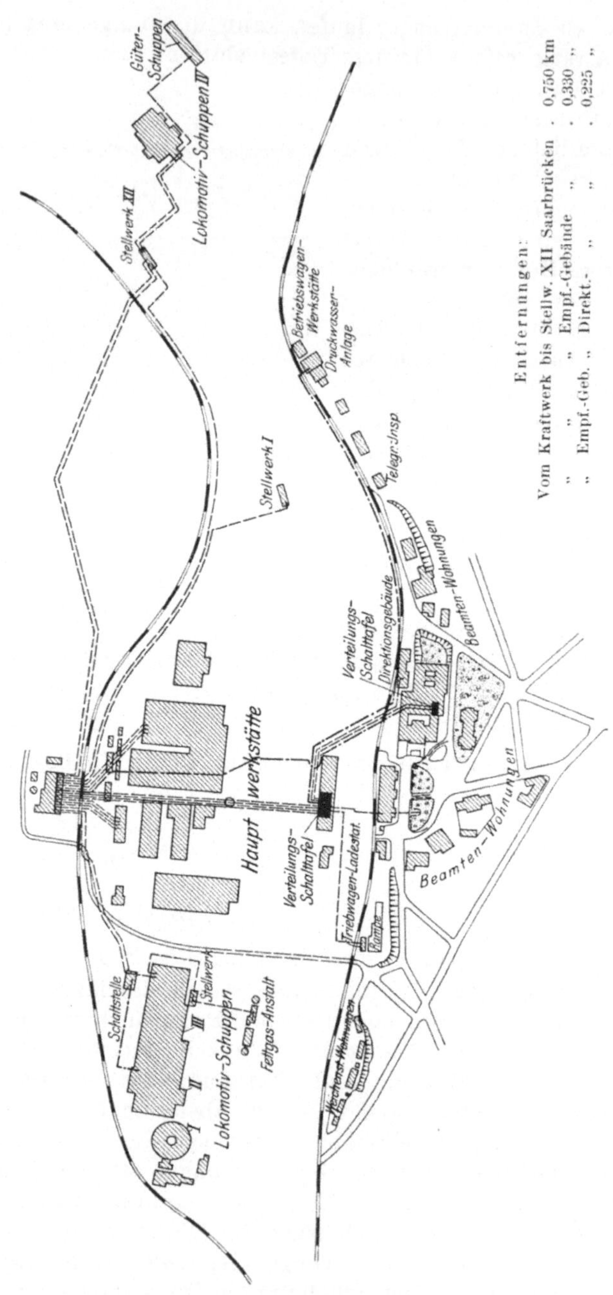

Abb. 15. Lageplan der Umgebung der Hauptwerkstätte Saarbrücken.

Betriebskosten.

Für Kohlen (3630 t zu 14,88 M.; 35 t zu 11,48 M.;
50 t zu 10,08 M.) . . . .   54 920,20 M.
„ Speise- und Kühlwasser, 54 220 cbm zu 0,08
und 0,06 M. . . . .   3 745,20 „
„ Gehälter und Löhne: 1 Werkmeister, 2 Maschinen-

wärter, 1—2 Kesselwärter, 1—2 Hilfsarbeiter
oder -wärter, $^1/_5$ Schlosser . . . .   10 880,00 M.
Für Unterhaltung der Gebäude . . . .   401,60 „
„   „   „ Kessel . . . .   1 249,40 „
„   „   „ Turbinen . . . .   1 388,66 „
„   „   „ elektrischen Maschinen und
              und Vorrichtungen . . . .   931,30 „
„   „   „ Stromspeicher . . . . . .   2 216,14 „
„ Schmier-, Putz- und Verpackungsmittel . . .   1 471,08 „
„ Heizung und Beleuchtung der Diensträume .   291,73 „
„ Zinsen der Bausumme, 4 v. H. . . . .   19 005,00 „
„ Abschreibungen . . . .   34 000,00 „
                          zusammen . .   130 500,31 M.

Erzeugt und geliefert sind im Jahre 1910: 2 376 792 kW-st, mithin betragen die Gestehungskosten für 1 kW-st: $\dfrac{130\,500{,}31 \times 100}{2\,376\,792} = 5{,}49$ Pf.

Der von der Bergverwaltung gelieferte hochgespannte Drehstrom kostet an der Hochspannungsseite 5 Pf. für 1 kW-st, an der Niederspannungsseite, nach Umformung, etwa 7 Pf. für 1 kW-st.

d) Kraftwerk in Altona[1]). (Abb. 16/19.)

Die von dem Kraftwerk in Altona aus betriebene 26,7 km lange zweigleisige Vorortbahn Blankenese-Altona-Ohlsdorf ist die erste elektrische Vollbahn mit einwelligem Wechselstrom auf dem europäischen Festlande und die erste überhaupt mit einwelligem Wechselstrom betriebene Stadt- oder Vorortbahn, und zwar eine solche mit sehr dichtem und lebhaftem Verkehr. Im Jahre 1910 betrug die Anzahl der Fahrgäste rund 57 Millionen. Für Dampfbetrieb war die Strecke nicht günstig wegen der zahlreichen Krümmungen bis zu 250 m Halbmesser und Steigungen bis 1:80, deren Anfang mitunter dicht an den Stationen liegt. Der Betrieb des Bahnhofs Altona als Kopfstation ist für dicht aufeinanderfolgende Dampfzüge unbequem, bietet aber für elektrische Züge mit Steuerung von beiden Enden keine Schwierigkeiten.

Die Maschinenanlage des den einwelligen Bahnstrom von 6300 Volt Klemmenspannung und 25 Per./sek und den Strom für die Beleuchtung der Bahnhöfe von Altona bis Ohlsdorf liefernden Kraftwerkes besteht aus 8, mit je einem Wechselstromerzeuger gekuppelten Dampfturbinen der Bauart Brown-Boveri-Parsons, mit Dampfniederschlag durch Oberflächenkühlung und mit Rückkühlanlage, 1 Wechselstromerzeuger für Beleuchtung, mit gleichartigem Antrieb, 2 Wechselstrom-Gleichstromumformern, 3 Spannungsumformern zur Erhöhung der Spannung des für das Unterwerk Barmbeck bestimmten Bahnstroms auf 30000 Volt, 1 Gleichstromerzeuger und 1 Zusatzmaschine zum Aufladen einer Speicherbatterie von 814 Amp-st Leistung bei einstündiger Entladung. Bei 1500 Umdr./min haben von den 8 Bahnstromerzeugern 7 eine Regelleistung von je 1250 kW

---

[1]) ETZ 1911, S. 959, 1256; Z. Ver. deutsch. Ing. 1908, S. 1581, 1678; Glas. Ann. 1908, Bd. 63, S. 41, 109; Organ f. d. Fortschr. d. Eisenbahnw. 1911, S. 227.

und können vorübergehende Belastung bis zu etwa 2000 kW ertragen, während die achte, neueste, Turbodynamo 4000 kW leistet. Die Wechselstrommaschinen sind geschlossener Bauart mit 2 Innenpolen und mit selbsttätiger Spannungsregelung nach Danielson[1]). Indessen wird der Erregerstrom, abweichend von älteren sonstigen Ausführungen, durch je eine Gleichstrommaschine gewöhnlicher Bauart mit Wendepolen geliefert. Der Nebenschlußwickelung dieser Maschine wird Strom von einem Einankerumformer aus zugeführt, dessen Feld von einer Batterie Strom erhält, mit einem Aufwande von etwa 60 Watt für 5 Turbinen zusammen. Die Schleifringe des als Hilfserreger dienenden Einankerumformers erhalten Wechselstrom von der Hauptmaschine durch Vermittelung eines Reihenumformers. Diese Reihenumformer sind durch Ausgleichleitungen miteinander verbunden. Mit Hilfe dieser Einrichtung wird die Spannung bei Belastungsänderungen von $0 \div 120$ v. H. innerhalb der Grenzen von ± 5 v. H. erhalten. Es kann auch mit „Überkompoundierung" gearbeitet werden, so daß bei Anwachsen des Maschinenstroms über gewisse Größen hinaus, die Spannung steigt.

Die Regelleistung der 4 poligen Lichtmaschine ist 600 kW, der Beleuchtungsstrom hat 50 Per./sek, bei gleicher Spannung wie der Bahnstrom. Bei Bedarf kann der Beleuchtungsstrom durch die beiden Wechselstrom-Gleichstromumformer ergänzt werden, die auch den Ladestrom für die Speicherbatterie liefern und außerdem die Bahnstromerzeuger unterstützen können. Um diesen Zwecken zu genügen, sind die Umformer aus zwei Wechselstrommaschinen mit gemeinsamer Welle und einer fest damit gekuppelten Gleichstrommaschine zusammengesetzt. Bei 375 Umdr./min ist die eine dieser Wechselstrommaschinen, für 25 Per./sek, bei beiden Umformern 8 polig, die zweite, für 50 Per./sek, 16 polig. Jede der drei Maschinen der Umformer kann als Motor laufen, während die beiden anderen Strom liefern. Die Gleichstrommaschine läuft als Motor zum Anlassen des Umformers und erhält dann den Strom von der Speicherbatterie, die im übrigen nur als Puffer für den Betrieb verschiedener Hifsmaschinen des Kraftwerkes mit Gleichstrom dient. Bezüglich der Leistung der Wechselstrommaschinen sind die Umformer verschieden stark, bei dem einen beträgt deren Leistung als Motor je 900 PS, als Stromerzeuger je 600 kW, bei dem anderen leistet die Wechselstrommaschine für Kraft 250 kW oder 330 PS, die Maschine für Licht 150 kW oder 200 PS. Die Gleichstrommaschinen beider Umformer leisten je 250 kW bei 220 Volt, oder 375 PS. Zum Betrieb einer Kreiselpumpe für den Umlauf des Kühlwassers und für die Bedienung der Rückkühlanlage, einer stehenden zweistufigen Naßluftpumpe für die älteren Turbinen, und zweier Kapselpumpen zur Fortschaffung des Niederschlagwassers und zum Betriebe der Kohlen- und Ascheförderung, ist ein Gleichstromerzeuger von 350 kW Leistung vorgesehen. Bei der Erweiterung der Maschinenanlage in 1910 sind ferner sämtliche Stromerzeuger mit Luftfiltern versehen und ist eine eigene kleine Preßluftanlage zum Ausblasen der elektrischen Maschinen eingerichtet worden.

Die fünf zuerst beschafften Turbinen sind Parsons-Turbinen der älteren Bauart. Die neueren Turbinen haben im Hochdruckteil ein Aktions-

---

[1]) ETZ 1899, S. 38, 39.

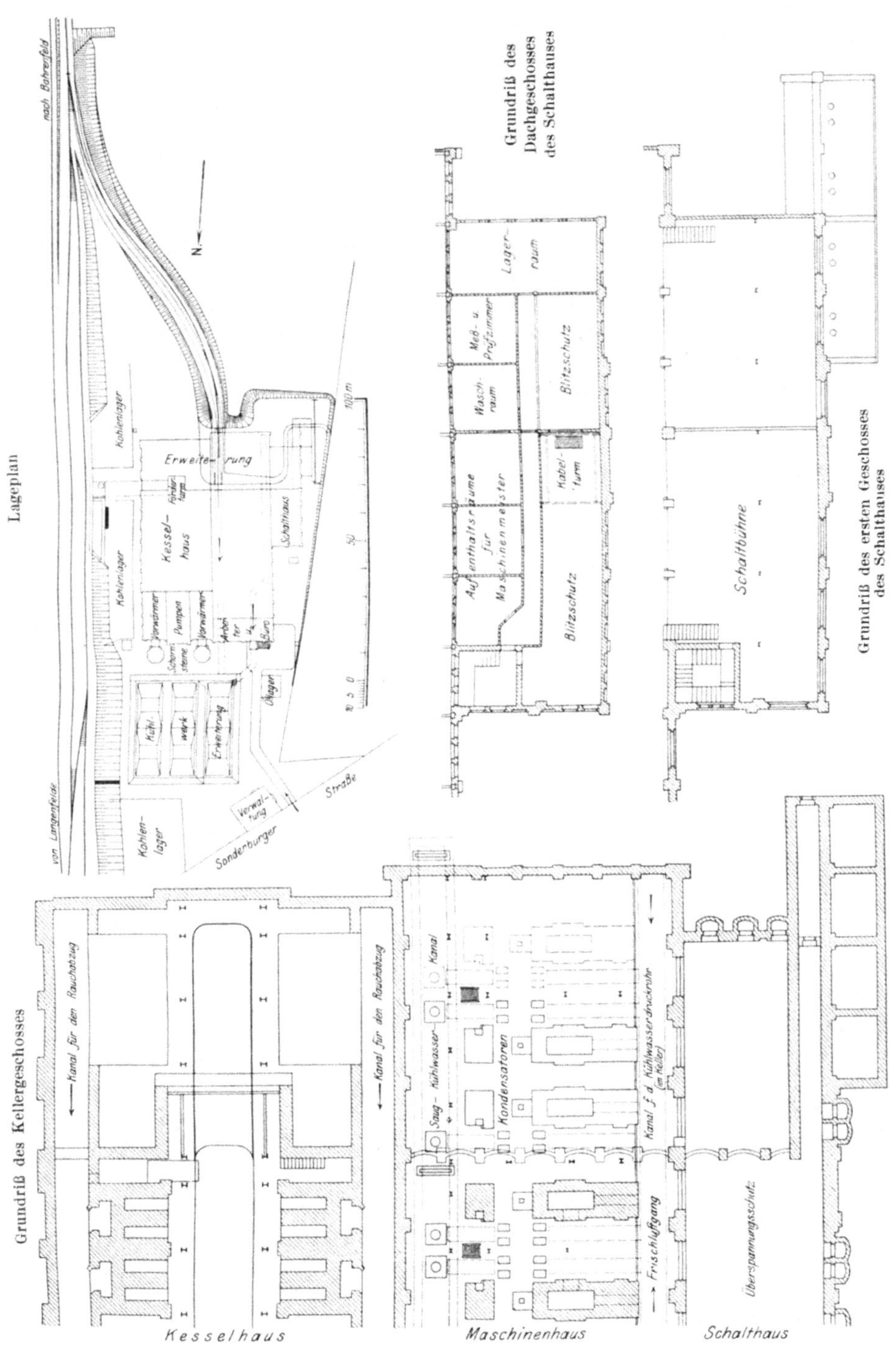

Abb. 16a. Kraftwerk in Altona.

rad mit reiner Druckwirkung[1]) und sind mit der neuen gestängelosen Ölsteuerung[2]) und mit selbsttätiger Düsenregelung versehen, durch die ein Düsensatz mittels eines Zusatzventils selbsttätig zu- oder abgeschaltet wird, wenn die Leistung über 900 kW steigt oder darunter sinkt. Außerdem ist ein von Hand bedientes Überlastungsventil angeordnet, durch das ein weiterer Düsensatz von Hand eingeschaltet wird, wenn bei ausnahmsweisem Auspuffbetrieb, oder bei zu geringem Kesseldruck, die regelmäßige Leitung erreicht werden soll. Die Baulänge dieser Turbinen ist bei gleicher Leistung um 885 mm geringer als die der älteren Turbinen, ihr Dampfverbrauch (s. später) erheblich günstiger. Für die Niederschlaganlage der neueren Turbinen ist ein durch eine besondere Turbine mit 2000 Umdr./min angetriebener Satz von Kreiselpumpen mit gemeinsamer Welle beschafft. Die treibende Turbine ist hier eine reine Aktionsturbine mit drei Geschwindigkeitsstufen. Der Abdampf wird in die passende Druckstufe einer Hauptturbine geleitet und dort verwertet. Von den drei Pumpen setzt die eine das Kühlwasser in Umlauf, die zweite schafft das Niederschlagwasser in Behälter, die dritte erzeugt Druckwasser mit 3 at Pressung, das mittels einer Strahldüse zur Schaffung eines Luftunterdrucks von $95 \div 96$ v. H. im Niederschlagbehälter verwendet wird. Luft und Wasser werden angesaugt und in den Kühlwasserkanal geschafft.

In 16 Wasserrohrkesseln, mit einer feuerberührten Heizfläche von je 300 qm und einer Überhitzerfläche von je 130 qm, wird der Betriebsdampf von 15 at Spannung erzeugt und auf 350^{0} C überhitzt. Jeder Kessel besteht aus zwei wagerechten Oberkesseln nebst Verbindungsrohr und aus 200 geneigten Wasserrohren nebst vorderer und hinterer Wasserkammer. Zwischen die Oberkessel und die Wasserrohre ist der Überhitzer eingebaut. Die Feuerung der Kessel erfolgt selbsttätig durch je ein Paar nebeneinander liegender und in Gruppen für je 2 Kessel elektrisch angetriebener Kettenroste der Bauart Babcock & Wilcox für 15 Kessel, und durch gleichartig eingebaute Wanderroste der Bauart Zutt für den sechzehnten Kessel. Die Kohle fließt den Rosten aus einem Hochbehälter zu. Die Rostfläche ist 7,82 qm für jeden Kessel. Für nichtschlackende Kohle, insbesondere für westfälische Nuß 3 und 4, haben sich beide Rostanordnungen bewährt. Dagegen ist davon Abstand genommen, die Roste unter Einbau von T-förmigen statt flacher Roststäbe zur regelmäßigen Verfeuerung weit billigerer Stückkohle geeignet zu machen. Bei letzterer ist stetes Aufrühren des Feuers erforderlich, weil sonst die Flamme, trotz der Steigerung des Zuges von 12 auf 18 mm Wassersäule, zu kurz wird. Ferner wäre die Beschaffung größerer Brecherwerke erforderlich. Auch hat sich die Förderkohle als sehr verschiedenwertig, selbst bei dem Bezuge von einer und derselben Zeche, erwiesen. Die Verbrennung erfolgt jetzt fast rauchfrei. Hierdurch und durch den lebhaften Wasserumlauf in den Kesseln, sowie durch die Vorwärmung des Speisewassers, ist bei Verwendung einer Kohle von 7088 WE/kg, bei einer Wärme des Speisewassers von 63^{0} und einer Überhitzung des Kesseldampfes auf 346^{0}, im regelmäßigen Betriebe eine Verdampfung von

---

[1]) Z. Ver. deutsch. Ing. 1908, S. 1346ff.
[2]) Ebenda 1910, S. 1432.

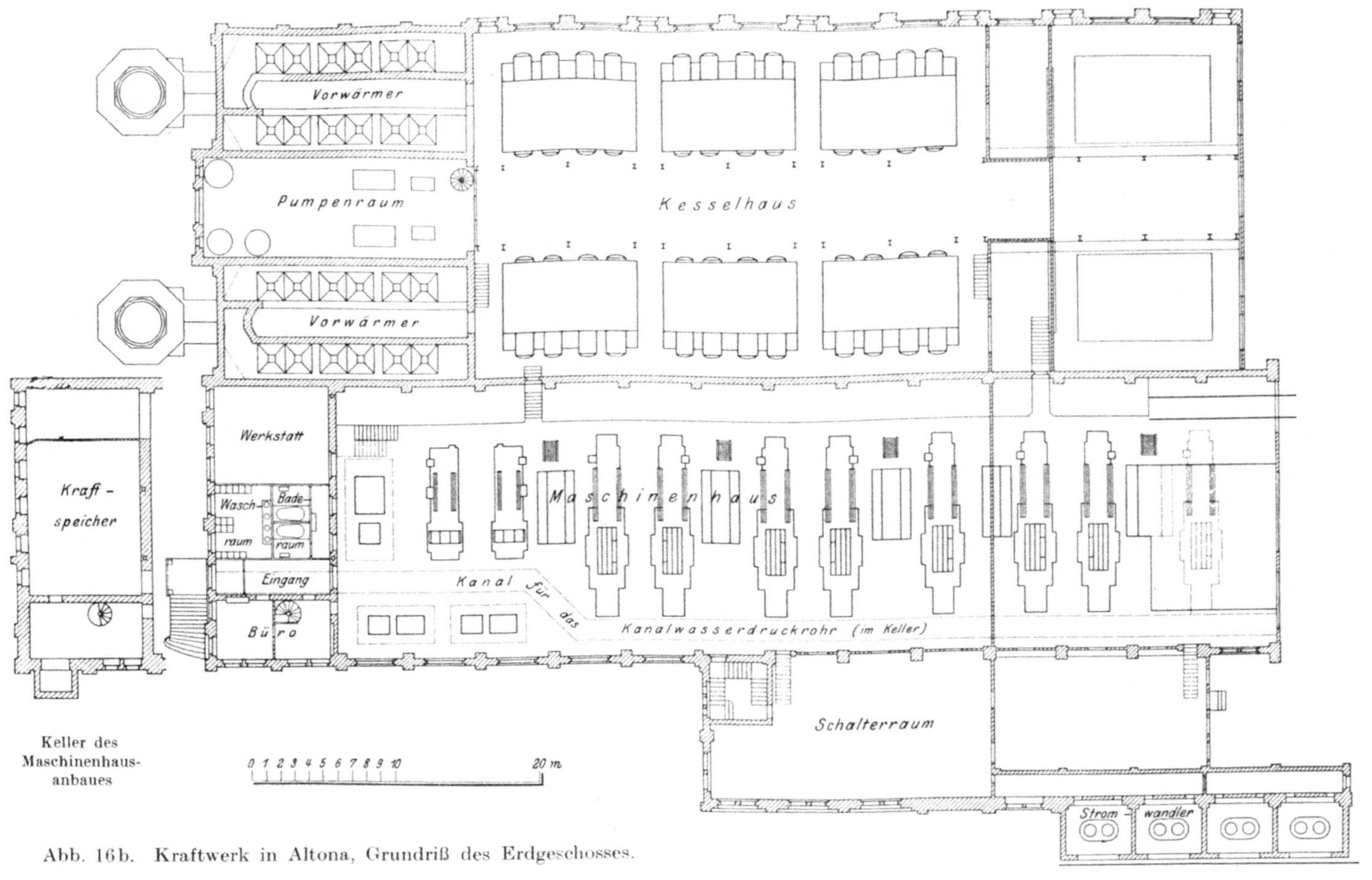

Abb. 16b. Kraftwerk in Altona, Grundriß des Erdgeschosses.

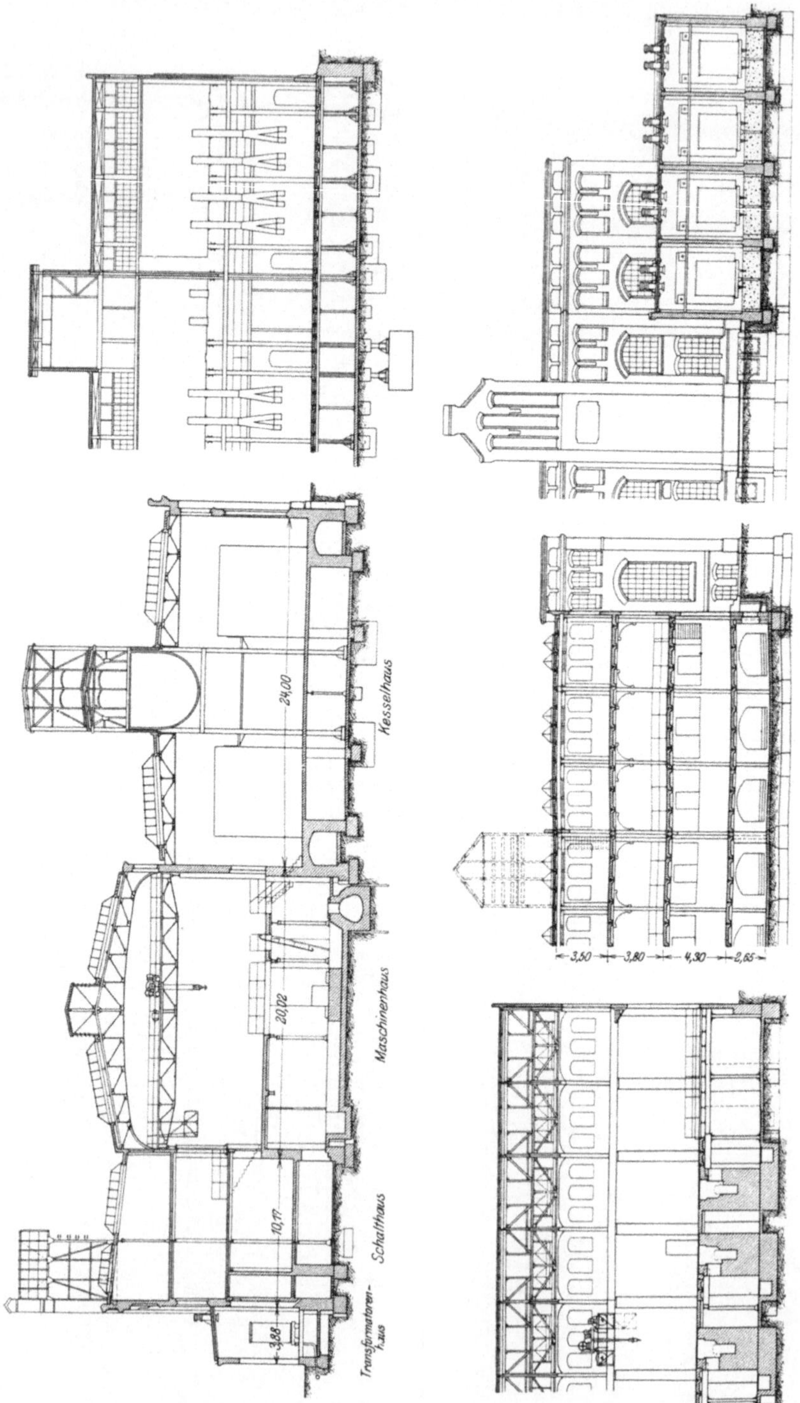

Abb. 17. Kraftwerk in Altona.

21,8 kg/qm Heizfläche/st, bei Anstrengung des Kessels eine solche von
28 kg und mehr erreicht. Das bezügliche Güteverhältnis ist 79,7 und
76,8 v. H. Die gesamte Leistungsfähigkeit der 16 Kessel mit zusammen
4800 qm Heizfläche beträgt im regelmäßigen Betriebe etwa 96 000 kg Dampf/st,
bei Anstrengung bis zu etwa 135 000 kg.

Das mit einer Wärme von etwa 40° C aus dem Oberflächenkühler
für den Abdampf der Turbinen kommende Niederschlagwasser wird durch
die beiden erwähnten Kapselpumpen in Behälter geschafft und aus diesen
durch die Speisepumpen entnommen. Auf dem Wege zu dem Kessel
wird das Speisewasser durch die abziehenden Rauchgase, mittels zweier
vor den Schornstein eingebauter Vorwärmer mit je 600 qm Heizfläche,
auf 100 ÷ 110° C erhitzt. Durch elektrisch angetriebene Rußkratzer wird
die Heizfläche der Vorwärmer sauber erhalten. Zur Kesselspeisung dienen
4 unmittelbar und vierfach wirkende Oddesse-Dampfpumpen, — 2 für je
75 cbm/st mit Verbunddampfmaschinen und 2 für je 20 cbm/st mit Zwillingmaschinen —, sowie 2 bei der Erweiterung der Maschinen- und Kesselanlage im Jahre 1910 auf Grund der Bestimmungen des neuen Dampf-
kesselgesetzes (R.-Gbl. 1909, Nr. 2) beschaffte Hochdruckkreiselpumpen
von je 100 cbm/st Leistung, die durch Turbinen von je 130 PS angetrieben werden. Die Antriebdampfmaschinen der Speisepumpen arbeiten
der Einfachheit und Sicherheit halber sämtlich mit Auspuff. Das hierdurch und durch die Verluste beim Auswaschen der Kessel erforderliche
Ersatzwasser wird in einem Reiniger von 10 cbm/st Leistung enthärtet.
Die durch Turbinen betriebenen Kreiselpumpen arbeiten bei gleichem Be-
schaffungspreis wirtschaftlicher als Kolbendampfpumpen, nehmen weit
weniger Raum in Anspruch und fördern gleichmäßiger. Die Turbinen
sind als reine Druckturbinen gebaut, die aus Messingformstäben gezogenen
Schaufeln sind durch Beilagen mit Stemmring und Deckbänder gesichert.
Die zugehörigen Kreiselpumpen sind mit 4 Druckstufen für einen ge-
samten Überdruck bis zu 20 at gebaut, die Laufräder sind aus besonderem
Hartguß gefertigt.

Für die Wasserversorgung des Kraftwerks ist in Langenfelde eine
einstufige Hochdruckkreiselpumpe von 50 cbm/st Leistung aufgestellt, die
durch einen Déri-Motor[1]) mit Hilfsmotor für Bürstenverschiebung angetrieben wird. Die neuen Rohrleitungen für Heißdampf sind aus
Mannesmannrohr hergestellt und mit Aufwalzflanschen aus Siemens-
Martinflußeisen versehen, die durch Dichtleisten und Riefen mit den
Rohren verbunden sind. Die Formstücke einschl. Dampfsammler sind
aus Stahlguß, die Ventile ebenfalls aus Stahlguß mit Nickeldichtung in
Sitz und Kegel. Alle Hochdruckleitungen sind vor dem Einbau mit
30 at Wasserdruck geprüft. Die älteren Rohrleitungen mit Aufwalz-
flanschen aus kohlenarmem Stahlguß haben sich seit vier Jahren bewährt.
Alle Heißdampfleitungen sind, auch an den Verbindungsflanschen, mit
Kalorit-Wärmeschutzmasse umkleidet.

Die Asche der Kesselfeuerungen wird in Kippgefäßen auf Hänge-
schienen zu einem Becherwerk gefahren, durch dieses gehoben und mittels
eines eisernen Förderbandes in Füllrümpfe gebracht, aus denen sie in
Eisenbahnwagen entleert wird. Auf umgekehrtem Wege wird die Kohle

---

[1]) ETZ 1907, S. 1097.

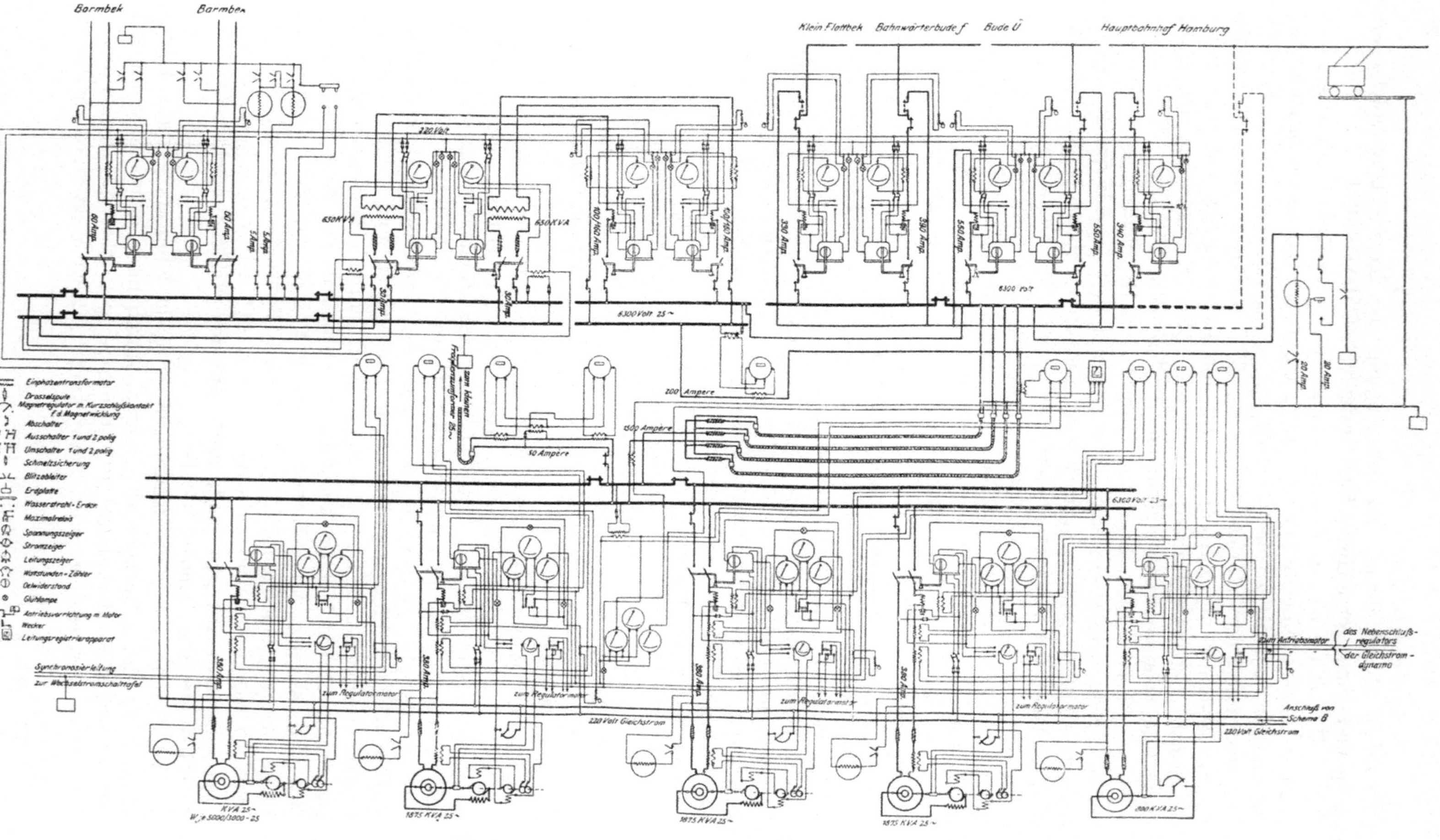

Abb. 18a. Schaltplan im Kraftwerk in Altona, für Bahnbetrieb.

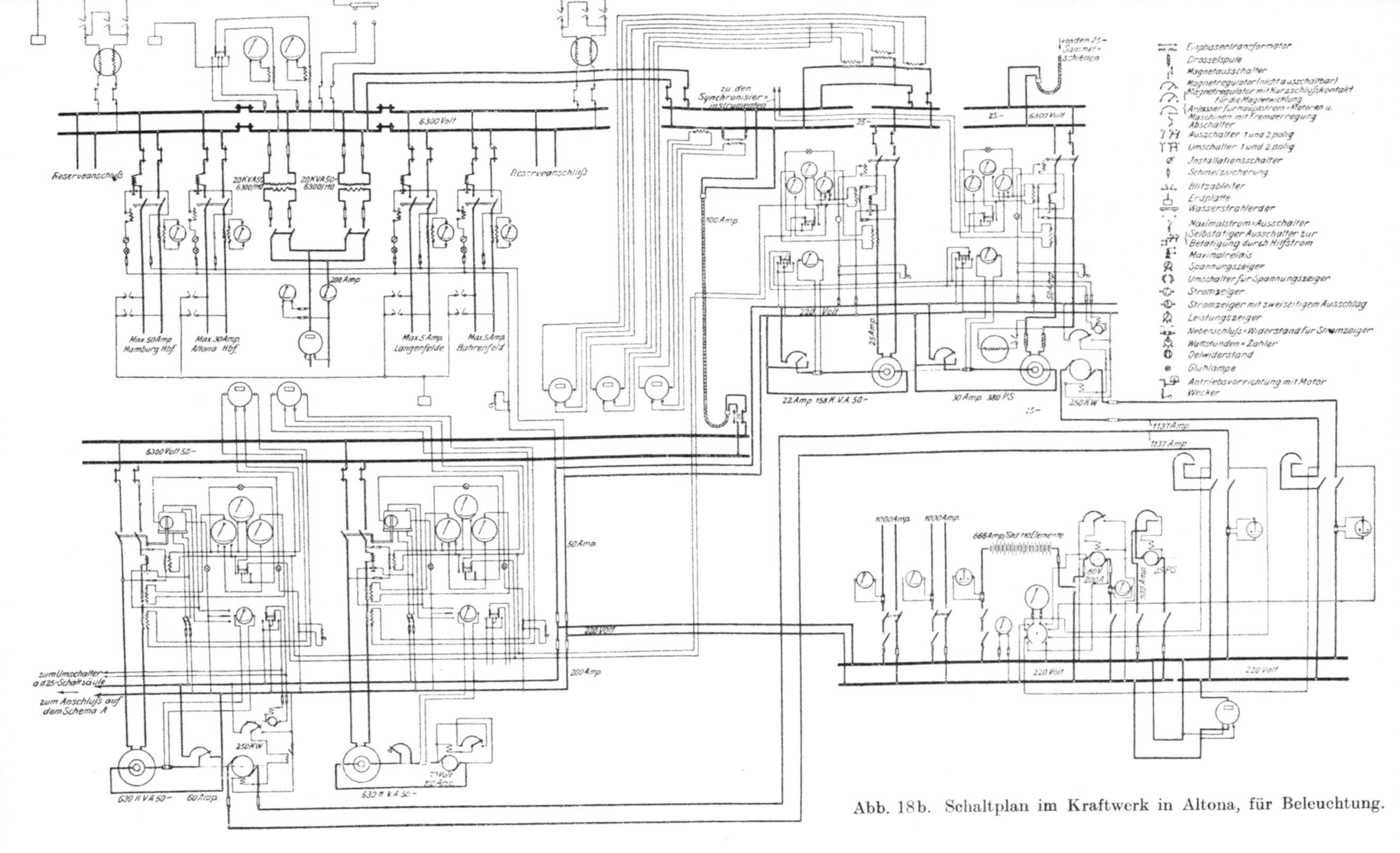

Abb. 18b. Schaltplan im Kraftwerk in Altona, für Beleuchtung.

aus seitlich neben dem Kohlenzufuhrgleis aufgemauerten Bunkern von 4 × 80 cbm Fassungsraum oder von dem Lager entnommen. Bunker und Lager werden durch Seitenentlader der Bauart Talbot von 16 t Ladefähigkeit bedient. Aus den Bunkern wird die Kohle mittels Aufgebevorrichtung durch ein darunter weg laufendes Förderband, von dem Lager durch eine Feldbahn, einem Becherwerk zugeführt, durch das sie gehoben und nach selbsttätiger Verwiegung auf ein zweites Förderband aufgegeben wird. Ein drittes, in der Längsachse des Kesselhauses verlaufendes Förderband schafft die Kohle in den mitten im Kesselhause eingebauten Hochbehälter von 800 cbm Inhalt oder in den neuen von 250 cbm Inhalt. Zwischen dem zweiten und dritten Förderband ist ein Brecher zur Zerkleinerung von Stückkohle eingebaut, für den ausnahmsweisen Fall der Verwendung von Förderkohle statt Nußkohle. Alle drei Förderbänder für Kohle sind aus fünffachem Baumwollgurt gefertigt. In den Hochbehältern kann der Kohlenbedarf für etwa 8 Tage, auf dem Lagerplatz für 6 Wochen aufgespeichert werden. Der Antrieb der Becherwerke und Förderbänder für die Kohlen- und Ascheförderung erfolgt durch 3 Gleichstrommotoren von zusammen 45 PS Nennleistung, der ständige Kraftverbrauch beträgt etwa 25 PS auf 4 ÷ 5 Stunden täglich. Dabei können 25 t Kohle und 10 t Asche/st befördert werden.

Das Gelände war für die Errichtung der Kohlenförderung besonders günstig, indem die Anschlußweiche an die vorhandenen Eisenbahngleise etwa 6 m höher als das Gelände des Kraftwerks liegt.

Zum Heben schwerer Maschinenteile ist im Maschinenhause ein ebenfalls elektrisch betriebener Laufkran von 20 t Tragfähigkeit vorgesehen.

Den Schaltplan des Kraftwerks Altona für Bahnstrom zeigt Abb. 18a. Sämtliche Wechselstrommaschinen mit 25 Per./sek liefern den Strom an Maschinensammelschienen, mit denen Verteilungsschienen durch Hin- und Rückleitungen verbunden sind. Die Hochspannungsölschalter werden von der Schaltbühne aus durch kleine Elektromotoren bedient. Zum Schutze gegen Überlastung auf mehr als einige Sekunden ist ein Höchststromrelais mit Zeiteinstellung angeordnet, durch das im Notfalle selbsttätige Ausschaltung bewirkt wird. Fernerhin sind die Stromerzeuger durch Drosselspulen gegen Überspannung gesichert, gegen Überspannung von außen her sind weitere Drosselspulen und ein Hörnerblitzableiter mit Ölwiderstand nebst einem Wasserstrahlerder angeordnet. Die ganze Fahrstrecke von Blankenese nach Ohlsdorf ist in fünf getrennte Abschnitte eingeteilt, denen der Strom je besonders zugeführt wird. Vier von diesen Abschnitten erhalten den Strom unmittelbar mit der Fahrdrahtspannung von 6300 Volt, die zugehörigen Speiseleitungen sind einpolig an die Verteilungsschienen angeschlossen, während die Rückleitung durch die Fahrschienen des Gleises erfolgt. Dem in Barmbeck errichteten Unterwerk, zur Speisung der von dem Kraftwerk am weitesten entfernten Strecke Hasselbrook—Ohlsdorf, wird der Bahnstrom nach vorheriger Höherspannung auf 30 000 Volt, mittels dreier Spannungsumformer von je 650 kW Leistung, zugeführt. Die betreffende, ebenfalls sorgfältig gegen Überspannung geschützte Speiseleitung ist über selbsttätige Hochspannungsölschalter zweipolig mit den Verteilungsschienen des Maschinenhauses verbunden. In Barmbeck (Abb. 19) erfolgt wieder Umformung auf die Fahrdrahtspannung von 6300 Volt. Bei der sonst ähnlich ausgeführten Schaltanlage für Beleuchtung (Abb. 18b) sind einfachere Sicherungen gegen Überspannung angeordnet. Die dritte Gruppe der Schaltanlage, für Gleichstrom, enthält Sammelschienen, die von den Umformern Strom erhalten, der von dort aus an die verschiedenen Erregermaschinen, die Motoren der Hochspannungsschalter, nebst Auslösevorrichtungen, die Speicherbatterie nebst Zusatzmaschine und die Hilfsmaschinen des Kraftwerks verteilt wird. Die ganze Schaltanlage ist in einem vierstöckigen Anbau des Maschinenhauses übersichtlich angeordnet.

Die Zuführungsleitungen sind als Kabel an der Decke und einer Seitenwand eines besonderen Ganges, für Licht und Kraft getrennt, entlang verlegt und endigen in blanken Leitungen im Untergeschoß des Schalthauses. In dem darüberliegenden Raume sind die Hochspannungsölschalter und die Umformer, in dem weiter folgenden ist die Schaltbühne eingebaut, das oberste Geschoß enthält die Blitzschutzvorrichtungen und die Türme für den Anschluß der Außenleitungen mit 6300 Volt Spannung für Kraft und Licht. Für die größeren Wechselstromerzeuger, für die Streckenspeiseleitungen, die großen Umformer und die Fernleitungen sind auf der Schaltbühne freistehende Schaltsäulen, für alle übrigen Schaltungen zwei Tafeln an der Rückwand angeordnet. Alle Vorrichtungen mit hochgespanntem Strom sind in Betonzellen eingebaut. Zum Anschluß von Meßgeräten sind besondere kleine Umformer vorgesehen.

Lieferer · sind: für die großen Dampfturbinen und für den Déri-Motor der neuen Wasserversorgungspumpe Brown, Boveri & Co. (Mannheim), für die Bahnstromerzeuger, die Schaltanlage und die Leitungen die Siemens-Schuckert-Werke, für die beiden Wechselstrom-Gleichstromum-

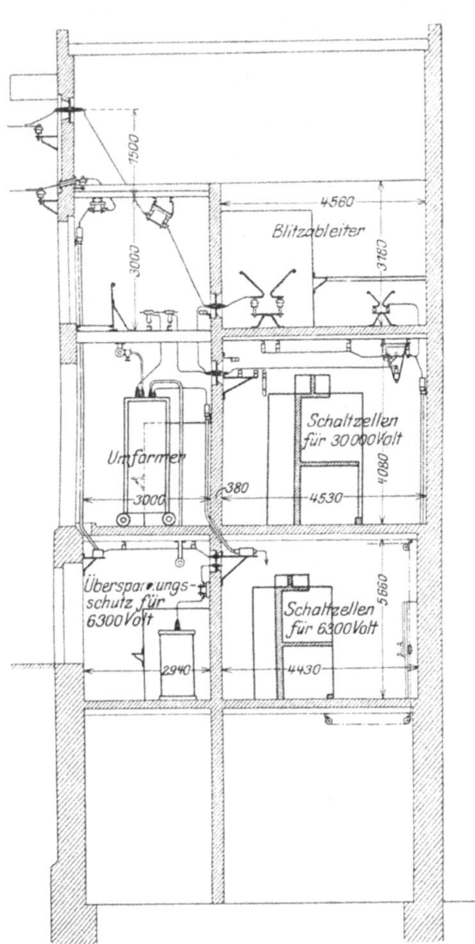

Abb. 19. Umformer in Barmbeck.

former, die Lichtmaschine, die Zusatzmaschine und die Speicherbatterie die Felten & Guilleaume-Lahmeyer-Werke; für die Gleichstrom-Turbodynamo die Allgemeine Elektrizitäts-Gesellschaft; für die Dampfkessel und die neuen Kesselspeise (Hochdruckkreisel-) pumpen A. Borsig; für die Antriebturbinen der letzteren die Maffei-Schwartzkopff-Werke; für die Ketten- und Wanderroste die Deutschen Babcock & Wilcox-Dampfkesselwerke (Oberhausen) und die Berlin-Anhaltische Maschinen-A.-G. (Dessau); für die ältern Speisepumpen die Maschinenfabrik Oddesse (Oschersleben); für die Vorwärmer die Deutschen Economiserwerke (Düsseldorf); für die kleine Enthärtungs-

anlage Halvor Breda (Charlottenburg); für die Kohlen- und Aschefärde-
rung Unruh & Liebig (Leipzig); für die Kaminkühler die Zschocke-Werke
in Kaiserslautern; für die neuen Dampf- und Wasserleitungen Flach &
Callenbach (Berlin); für die ältern Heißdampfleitungen Franz Seiffert & Co.
(Berlin); für den neuen Kohlenbehälter Seidler & Spielberg (Altona); für
den Laufkran L. Stuckenholz (Wettern a. d. Ruhr); für die neue Wasserversorgungspumpe Weise & Monski.

Baukosten des Kraftwerks.

Grunderwerb	279 119 M.
Gebäude	1 003 420 „
Dampfkessel nebst Mauerwerk	707 738 „
Maschinen, Rohrleitungen, Wasserbehälter, Kühlanlage	1 658 773 „
Elektrische Maschinen und Schaltanlage .	1 284 137 „
Speicherbatterie	24 475 „
Lampen	8 331 „
Zusammen:	4 965 993 M.

Betriebsergebnisse. Die ältern Turbinen der ersten Anlage ver-
brauchten bei den Abnahmeversuchen, bei einer Wärme des Eintritts-
dampfes von 300° C, einer Dampfspannung von 13 at und einer Wärme
des Kühlwassers von 25° C, 8,24 kg Dampf/kW-st, für die Einheiten von
1250 kW, und 9,7 kg für die Einheiten von 600 kW, oder 6,1 bzw. 7,1 kg/PS.
Wenn auch niedriger als gewährleistet, so ist der Dampfverbrauch doch
an sich hoch. Zu berücksichtigen ist dabei, daß diese ersten Turbinen
absichtlich zu stark für die regelmäßige Durchschnittsleistung bemessen
waren, damit sie bei vorübergehender Überlastung noch sicher arbeiten
sollten. Selbsttätige Düsenregelung war, wie erwähnt, nicht vorhanden
und das von Hand zu bedienende Überströmventil für Frischdampf sollte
nur im Notfalle geöffnet werden. Im Durchschnitt arbeiteten deshalb
diese Turbinen mit ungünstiger Belastung. Bei den neueren Turbinen
ist der Dampfverbrauch niedriger. Es fand sich bei der Abnahme der
Dampfverbrauch in kg/kW-st:

	Für die ältere Turbine Nr. 5	Für die neuere Turbine Nr. 7
Bei $^1/_1$ Belastung	8,36	7,00
„ $^1/_2$ „	10,23	8,35

Die Arbeit der Pumpen für die Niederschlaganlage ist bei der Turbine
Nr. 7 mit einbegriffen, weil der Abdampf der diese Pumpen treibenden
Turbine einer Hauptturbine an passender Stelle zugeführt und so verwertet wird. Bei den ältern Turbinen mit elektrisch angetriebenen Pumpen
ist die Pumpenleistung abgezogen.

Bei einem neueren über 24 Stunden ausgedehnten Belastungsversuche
mit einer mittleren Leistung von 2900 kW Nutzstrom, einschl. Verluste
durch Umformung, betrug der Dampfverbrauch 10 kg auf die abgegebene
kW-st. Das Kühlwasser hatte eine Durchschnittswärme von 20° C. Der
Heizwert der verfeuerten Kohle war 6400 WE/kg. Die Belastung der
Stromerzeuger stieg zuweilen innerhalb 0,5 Sek. von 2700 auf 6200 kW.
Die höchste Spitze am Versuchstage war 6500 kW Bahnstrom +130 kW
für Licht. Es werden aber auch Spitzenleistungen bis zu 7000 kW für
Bahnstrom und 130 kW für Licht beobachtet. Diese starken Belastungs-

schwankungen sind von sehr ungünstigem Einfluß auf den Dampf- und Kohlenverbrauch, insbesondere auf letzteren, weil die Kesselleistung der jeweiligen Maschinenleistung nicht folgen kann. Die Wärme des Kühlwassers steigt, infolge des hohen Feuchtigkeitsgehaltes der Luft, im Sommer auf 30 bis 35° C. Am Versuchstage betrug der Dampfverbrauch zwischen 8 und 9 Uhr vorm., bei etwas mehr als der regelmäßigen Belastung der Maschinen, 8,91 kg/kW-st, bei ungünstiger Belastung zwischen 11 und $11^3/_4$ dagegen mehr als 14 kg/kW-st. Der Kohlenverbrauch belief sich im Februar 1911 auf 3304 t = 1,69 kg/abgegebene kW-St. Bei diesem monatlichen Durchschnittsverbrauch sind noch die Wärmeverluste durch das Ausblasen der Kessel zu berücksichtigen.

Die Anlage kann mit den 7 kleinen Bahnstromerzeugern, bei cos $\varphi = 0,75$, dauernd, ohne die in Bereitschaft bleibende 4000 kW-Turbine, $7 \times 1350 = 9450$ kW leisten und eine innerhalb je 6 Min. sich wiederholende Spitzenleistung von $7 \times 2030 = 14\,210$ kW, ebenfalls bei cos $\varphi = 0,75$, ertragen.

Kosten für 1 kW-st (nach E.T.Z). Ständig sind 54 Beamte und Arbeiter mit der Aufsicht und Bedienung des Kraftwerkes beschäftigt. Dazu kommen 600÷1000 Tagwerke jährlich für Ausbesserung und Reinigung.

Die jährlichen Rücklagen für Erneuerung berechnen sich wie folgt:

Gegenstand	Bausumme	Lebensdauer Jahre	Altwert % d. Neuwertes	Altwert M.	Jährliche Rücklage %	Jährliche Rücklage M.
Gebäude	1 003 420	60	0	0	0,42	4 214
Dampfkessel mit Mauerwerk	707 738	15	5	35 390	4,93	33 170
Dampfmaschinen mit Zubehör	1 658 773	20	8	132 700	3,36	89 210
Elektrische Maschinen u. Schaltanlage	1 284 137	20	12	154 180	3,36	
Speicherbatterie	24 475	10	10	2 448	8,33	2 516
Lampen	8 331	10	2	167	8,33	

Zusammen: 129 109

Für den Monat Dezember 1910 belaufen sich die gesamten Ausgaben, einschl. Verzinsung der Bausumme und einschl. Erneuerungsrücklagen, auf:

1. für Beamtengehälter, $+ 40\%$ für Ruhegehälter und Wohlfahrtausgaben . . . . 4 267 M.
2. „ Löhne, im Durchschnitt für April bis Dezember, $+ 40\%$ für Wohlfahrtausgaben und Kassenbeiträge 5 635 „
3. „ Kohlen: 3561 t zu 16,17 M. frei Kraftwerk . . . 57 580 „
4. „ bahneigenes Wasser, 20 653 cbm zu 4 Pf. . . . . 826 „
5. „ städtisches Wasser, 1020 cbm zu 11 Pf. . . . . . 112 „
6. „ Öl, Schmierung und Umformer, und Putzmittel . . 657 „
7. „ Unterhaltung und Ausbesserung, ausschl. Löhne für Arbeiter der Verwaltung, Durchschnitt April bis Dezember 5 315 „
8. „ Zinsen, 4% von 4 966 000 M., $\dfrac{198\,640}{12} =$ . . . . . . 16 553 „
9. „ Erneuerungsrücklagen, $\dfrac{129\,109}{12} =$ . . . . 10 759 „

Zusammen: 101 704 M.

An Nutzstrom sind von dem Kraftwerk abgegeben 2172336 kW-st, mithin betrug der Kohlenverbrauch für 1 abgegebene kW-st: 1,64 kg. Eine vom Kraftwerk abgegebene Kilowattstunde kostete 4,68 Pf.

Im Dezember 1910 sind 528077 Wagenkilometer gefahren, entsprechend einer Leistung von rund 37000000 tkm. Von der angegebenen Leistung des Kraftwerkes an Nutzstrom entfallen 1976700 kW-st auf die Zugförderung einschl. Beleuchtung und Heizung der Züge und einschl. Stromverbrauch im Wagenschuppen. Demnach beträgt der im Kraftwerk gemessene Stromverbrauch 3,74 kW-st für 1 Wagenkilometer und 53,4 Watt für 1 tkm. Die Verschiebefahrten sind in den Zugleistungen nicht berücksichtigt. In den Sommermonaten geht der Stromverbrauch auf 2,84 kW-st für 1 Wagenkilometer und 40,5 Watt für 1 tkm herunter, weil der Betrag für Beleuchtung und namentlich für Heizung der Züge entfällt.

e) Kraftwerk in Muldenstein[1]). (Abb. 20/23.)

Das im ersten Ausbau fertiggestellte Kraftwerk Muldenstein liefert vorläufig nur den Strom für den elektrischen Betrieb der 26 km langen Strecke Dessau—Bitterfeld, während für später der elektrische Betrieb der ganzen 154 km langen Strecke Magdeburg—Dessau—Bitterfeld—Leipzig—Halle und der kleinen Strecke Wahren—Schönefeld von Muldenstein aus beabsichtigt ist.

In dem Kraftwerk wird einwelliger Wechselstrom von 3000 Volt Klemmenspannung und 15 Per./sek, oder $16^2/_3$ Per bei entsprechender Erhöhung der Umlaufzahl, erzeugt. Die Spannung wird zunächst in zwei hintereinander geschalteten Umformern auf 60000 Volt für die Fernleitung erhöht und in dem vorläufig einzigen Unterwerk in Bitterfeld auf die Fahrdrahtspannung von 10000 Volt ermäßigt.

Die Maschinenanlage besteht einstweilen nur aus einer A.E.G.-Curtis-Dampfturbine, für eine Dampfspannung von 13÷15 at bei einer Überhitzung auf 300÷350° C, und aus einem damit gekuppelten Wechselstromerzeuger der Siemens-Schuckert-Werke nebst Zubehör. Die mit Verbundwickelung versehene Wechselstrommaschine arbeitete früher mit Spannungsregelung nach Blondel-Danielson[2]). Die regelmäßige Umlaufzahl beträgt 900/min für 15 Per./sek, die Regelleistung an den Klemmen 3300 kW, die höchste Leistung auf $^1/_2$ Stunde 4875 kW (cos $\varphi = 0,8$ für 3900 kW) und auf 2 Min 5250 kW (cos $\varphi = 0,8$ für 4200 kW). Die Umlaufzahl wird durch einfache Dampfdrosselung so geregelt, daß sie auch durch plötzlich auftretende Belastungsänderungen um 25 v. H. der jeweiligen Leistung, innerhalb der Grenzen der Höchstleistung, nur vorübergehend bis zu 2 v. H. gesteigert oder vermindert werden kann. Durch Belastungsschwankungen vom Leerlauf bis zur vollen Leistung wird die Umlaufzahl dauernd nur bis zu 4 v. H. der Regelzahl geändert. Für gewöhnlich arbeitet die Turbine mit Dampfniederschlag durch Oberflächenkühler. Für ausnahmsweises Arbeiten mit Auspuff ist durch Anordnung eines Dampfumlaufs und eines Hilfsauspuffs eine Leistungsfähigkeit von mindestens $^5/_6$ der Regelleistung erreicht. Das Kühlwasser für die Niederschlaganlage

---

[1]) Elektr. Kraftbetr. u. Bahn. 1911, S. 303, 334 ff.; Glas. Annal. 1911, Bd. 69, S. 72 ff.; Z. Ver. deutsch. Ing. 1911, S. 1913 ff.

[2]) Elektr. Kraftbetr. u. Bahn. 1911, S. 335; ETZ 1899, S. 38—39; vgl. S. 28.

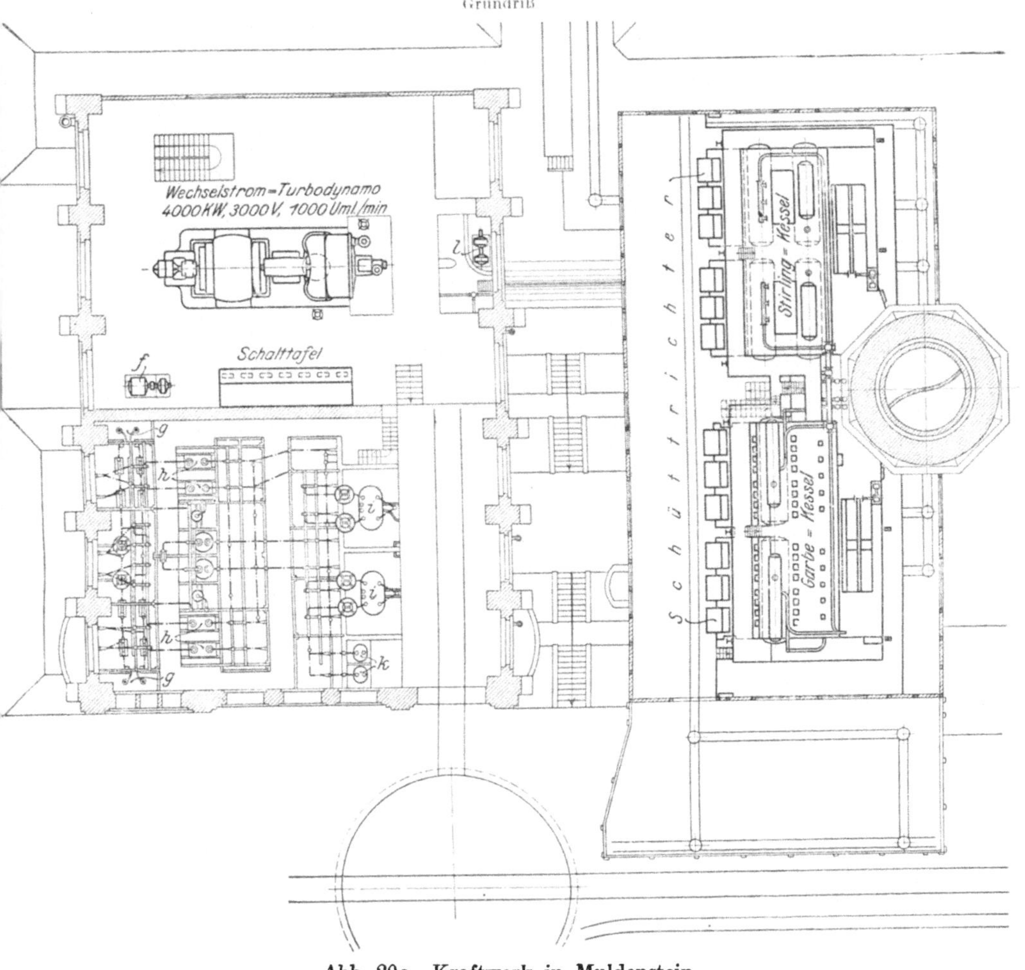

Abb. 20a. Kraftwerk in Muldenstein.

wird durch einen Betonkanal der nahen Mulde entnommen und ohne Rückkühlung wieder dorthin geleitet. Die Kreiselpumpen für Luft, Niederschlagwasser und Kühlwasser sind nebeneinander auf gemeinsamer, durch eine
mit Frischdampf arbeitende A.E.G.-Turbine umgetriebener Welle angeordnet.
Der Abdampf dieser Turbine wird in die passende Druckstufe der Hauptturbine geleitet. Das Niederschlagwasser wird in einen Behälter gedrückt,
aus dem es durch die Speisepumpen entnommen wird.

. Der Betriebsdampf von 15 at Überdruck wird in 2 Stirling-Kesseln
der Hannov. Masch.-A.-G. und 2 Garbekesseln der Düsseldorf-Ratinger
Röhrenkesselfabrik, mit einer feuerberührten Heizfläche von je 300 qm,
erzeugt und in Überhitzern mit je 100 qm Fläche auf 375° überhitzt.
Für die Wahl der Kessel mit steilen Wasserrohren war die Feuerung mit
der in unmittelbarer Nähe gewonnenen Braunkohle maßgebend, die teils
im rohen Zustande, teils in Brikettform verwendet wird und viel Ruß und
Flugasche erzeugt. Aus demselben Grunde haben die Kessel große Asche-
kammern erhalten. Elektrisch bewegte Rußkratzer sind zur Reinigung

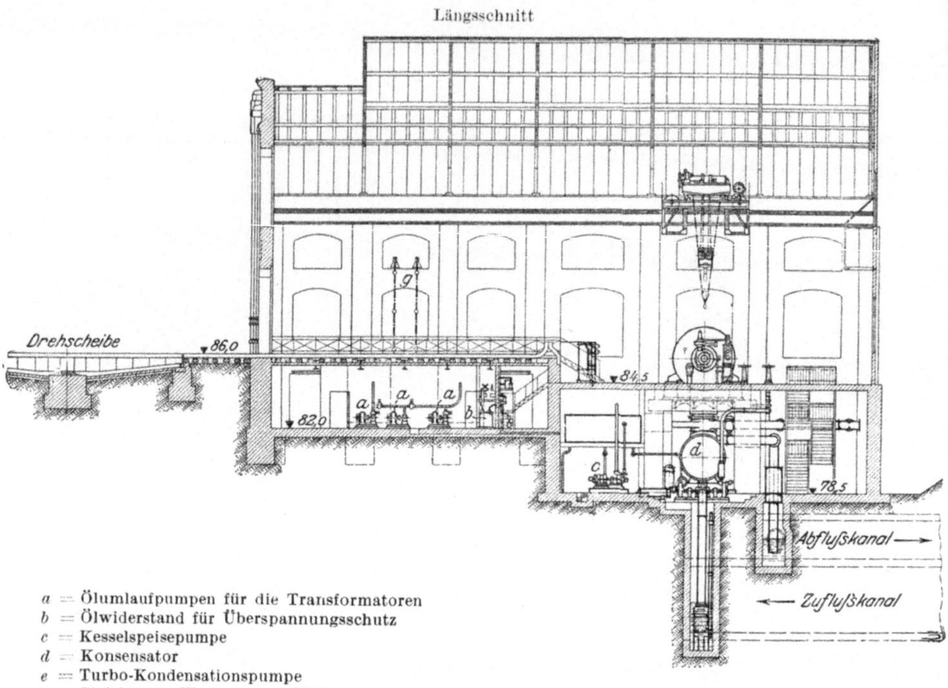

a = Ölumlaufpumpen für die Transformatoren
b = Ölwiderstand für Überspannungsschutz
c = Kesselspeisepumpe
d = Konsensator
e = Turbo-Kondensationspumpe
f = Gleichstrom-Wechselstrom-Umformer
g = 60 000 Volt-Kabel
h = 60 000 Volt-Ölschalter

i = Transformatoren 1850 KVA 3000/60 000 V
k = Meßtransformatoren
l = Gebrauchwasser-Pumpe

Abb. 20b. **Kraftwerk in Muldenstein.**

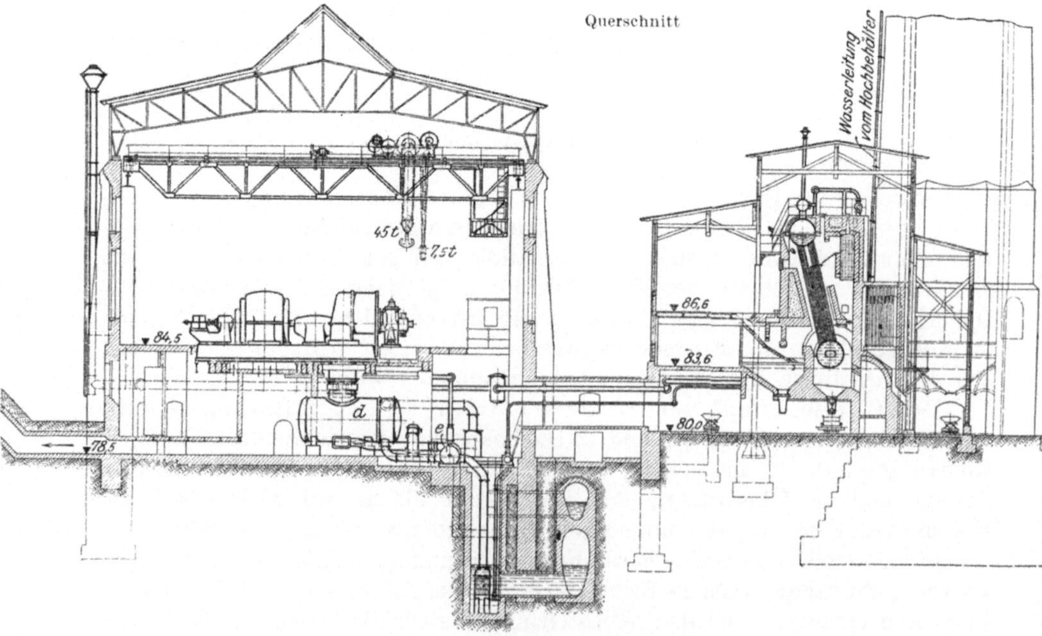

Abb. 20c. **Kraftwerk in Muldenstein.**

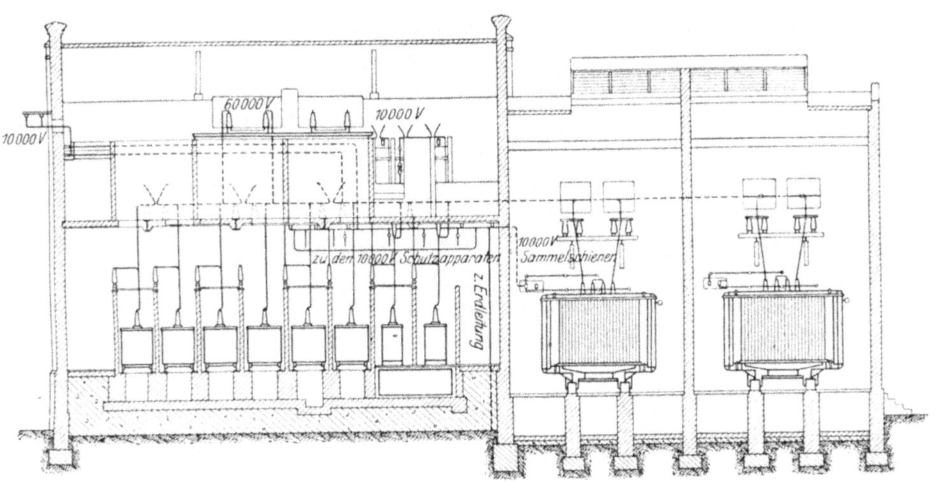

Längsschnitt

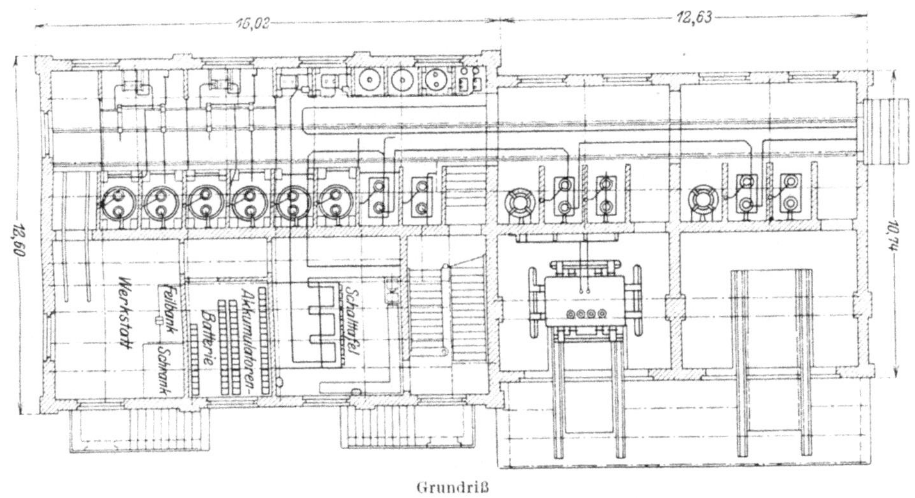

Grundriß

Abb. 21.

Unterwerk Bitterfeld.

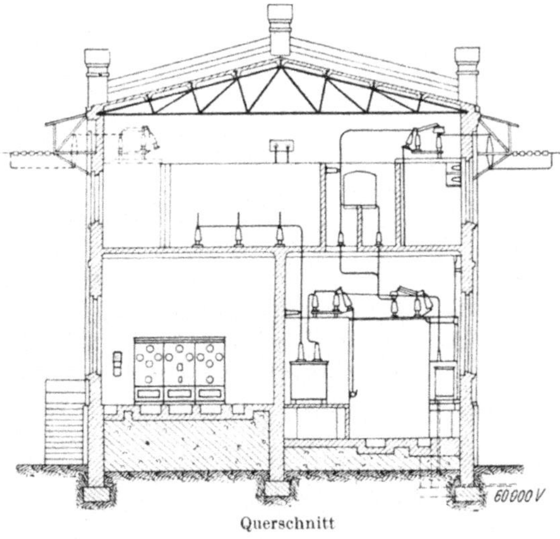

Querschnitt

der Wasserrohre vorgesehen. Die Treppenroste von je 12 qm Fläche sind nach der Bauart Keilmann & Völker für Halbgasfeuerung ausgeführt.

Bei einem Heizwerte des Brennstoffs von 2400 WE/kg und einem Aschegehalt von nicht mehr als 10 v. H. liefern die Kessel vertragsmäßig bei regelmäßigem Betrieb auf 1 qm Heizfläche 20 und bei Anstrengung bis zu 30 kg Dampf/st aus Wasser von 65° (3,6÷3,4 fache Verdampfung).

Dem Behälter für das Niederschlagwasser des Oberflächenkühlers der Hauptturbine wird der Abdampf der Speisepumpen mittels Strahldüsen

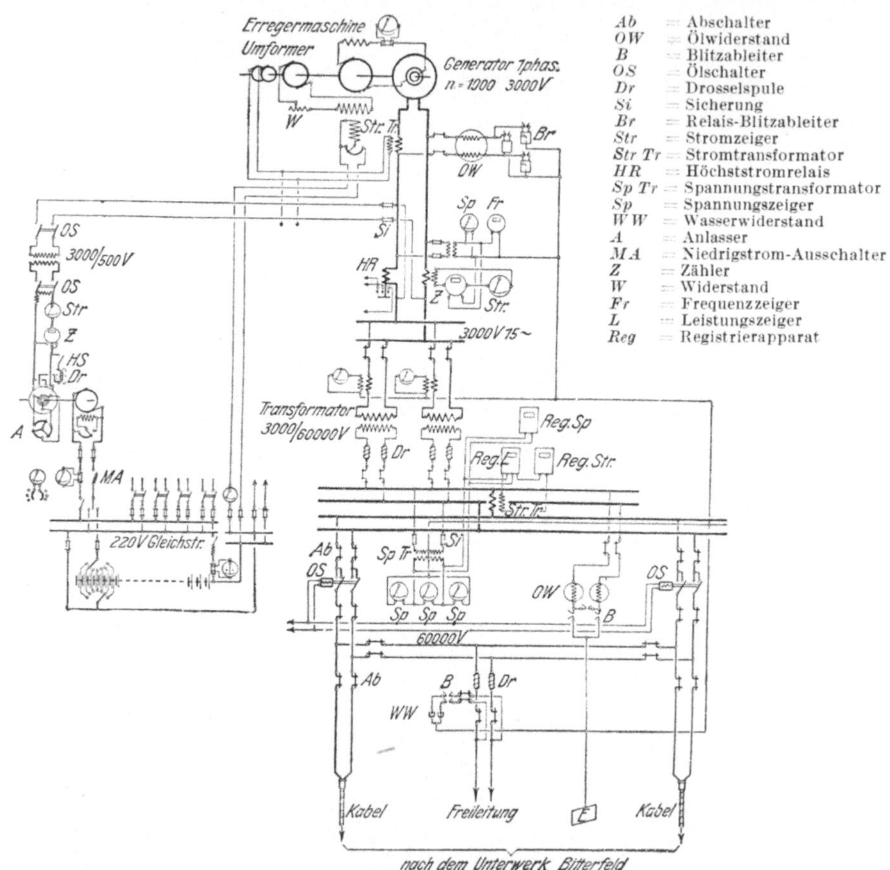

Abb. 22. Schaltplan des Kraftwerkes in Muldenstein.

zugeführt. Das durch Undichtheiten und Kesselauswaschen verlorene Wasser wird mittels Schwimmerventils in den Speisebehälter nachgefüllt. Einer Enthärtung bedarf das Wasser nicht. Das Speisewasser wird durch die beiden als Hochdruckkreiselpumpen für eine Leistung von je 48 cbm/st gebauten und einzeln durch A.E.G.-Turbinen mit überhitztem Frischdampf angetriebene Speisepumpen aus dem Behälter entnommen und durch zwei Rauchgasvorwärmer der deutschen Economiserwerke in Düsseldorf-Grafenberg, mit je 240 qm Heizfläche, hindurch in die Kessel gedrückt. Auf diesem Wege wird das Wasser bis auf etwa 110° C erhitzt. Die Pumpen nehmen das Wasser noch mit 80° C sicher an. Der geringe Wasserinhalt von nur 17,6 cbm für jeden Kessel machte selbsttätige Einrichtungen zur Regelung des Wasserstandes erforderlich. Der Gang der Speisepumpen wird vom Leerlauf bis zur vollen Belastung durch den Druck in der Speiseleitung geregelt, während das Speiseventil durch einen elektrischen Wasserstandsregler der Bauart Reubold[1]) eingestellt wird. Dieser Regler besteht aus einem Schwimmer, einem damit durch Vermittelung eines Standrohres ohne Stopfbüchse in Verbindung stehenden Elektromagnet und einem auf das Speiseventil wirkenden Hubmagnet. Durch den Schwimmer wird der Elektromagnetkreis bei Niedrigwasser geschlossen, infolgedessen wird ein Anker angezogen und der Strom für den Hubmagnet eingeschaltet. Eine Glühlampe zeigt die Speisung an. Beim Wiederausschalten der Verbindungen wird das Speiseventil durch Gewicht oder Feder geschlossen.

Eine elektrisch angetriebene Kreiselpumpe schafft das erforderliche sonstige Gebrauchswasser in einen Hochbehälter. Für Trinkwasser sind Berkefeld-Filter vorgesehen.

Infolge der günstigen Geländegestaltung waren mechanische Einrichtungen zur Beförderung von Kohle und Asche entbehrlich. Die Kohle wird von der Güterladestelle Muldenstein aus auf einer Rampe zugebracht. Nach vollem Ausbau der Anlage soll die Braunkohle in Selbstentladern bis in das Kesselhaus gebracht und dort in Bunker entleert werden, aus denen sie den Feuerungen zufließt. Die Asche wird in Wagen entleert und abgefahren.

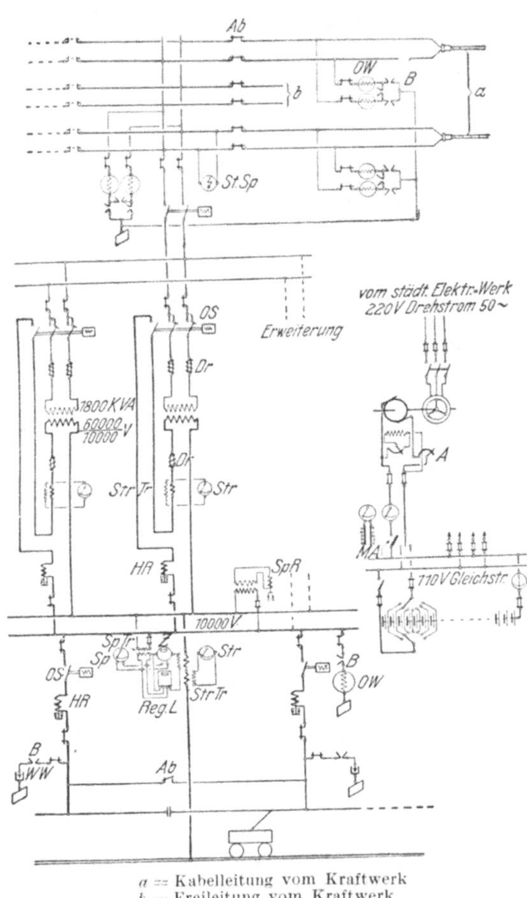

Abb. 23. Schaltplan im Unterwerk Bitterfeld.

Durch einen Wechselstrom-Gleichstromumformer der Siemens-Schuckert-Werke wird der zur Beleuchtung, zum Betriebe der Gebrauchswasserpumpe und des Laufkrans der Deutschen Maschinenfabrik A.-G. in Benrath, sowie zur Steuerung des Hilfsrelais erforderliche Gleichstrom von 220 Volt Spannung geliefert.

Den Schaltplan des Kraftwerks Muldenstein zeigt Abb. 22, den des Unterwerks Bitterfeld Abb. 23, und Abb. 21 dieses selbst. Die Verbindung

---

[1]) Z. Ver. deutsch. Ing. 1910, S. 479.

beider Werke ist durch zwei Hochspannungskabel und eine der Sicherheit halber vorgesehene Freileitung bewirkt.

Nach dem beabsichtigten späteren Ausbau soll das Kraftwerk enthalten: 3 Gruppen von je 8 Kesseln gleicher Größe wie früher angegeben, mit einem Schornstein für jede Gruppe, 5 Wechselstromerzeuger, 2 Gleichstromerzeuger zur Erregung der Hauptmaschinen, zur Beleuchtung und zum Betriebe der Hilfsmaschinen. Es sind alsdann im ganzen drei Unterwerke, und die Erhöhung der Fahrdrahtspannung auf 15 000 Volt, vorgesehen.

Baukosten. Für den elektrischen Betrieb der ganzen Strecke Magdeburg—Leipzig—Halle sind 19 430 000 M., außer 6 470 000 M. für Betriebsmittel, veranschlagt. Davon entfallen 2 Millionen auf die Probestrecke Dessau—Bitterfeld.

Betriebskosten. Infolge des niedrigen Bezugspreises von 2 M/t, der für die Braunkohle auf 30 Jahre gesichert ist, stellen sich die Kosten für 1 kW-st einschl. Verzinsung und Tilgung der Anlagekosten auf nur 2,7 Pf.

Der Stromverbrauch beträgt nach den bisherigen Erfahrungen für 1 tkm in Schnell- und Personenzügen 29,5 kW-st, in Güterzügen 16,5 kW-st.

Mittlerweile ist das Kraftwerk Muldenstein durch Aufstellung von vier weiteren, durch Dampfturbinen angetriebenen Stromerzeugern von je 3300 kW Dauerleistung, nebst Umformern, instand gesetzt, den Betriebsstrom für die ganze Strecke Magdeburg—Dessau—Bitterfeld—Leipzig—Halle zu liefern.

2. Kraftwerke mit Kolbendampfmaschinen.

a) Kraftwerk der Hauptwerkstatt Stargard i. P.

Die Kesselanlage besteht aus vier Kesseln, einem Borsig-Kessel eigener Bauart, von 120 qm wasserberührter Heizfläche und 2,69 qm Rostfläche, und drei ebenfalls von A. Borsig gelieferten gewöhnlichen Zweiflammrohrkesseln von je 61,4 qm wasserberührter Heizfläche und 1,98 qm Rostfläche. Der Oberteil des ersten Kessels ist ein Röhrenkessel mit 68 Heizrohren, während der untere Teil zwei in ganzer Länge gewellte Flammrohre mit Planrostfeuerung enthält. Ober- und Unterkessel haben getrennte Dampfräume, gespeist wird in den Oberkessel, der Wasserstand wird unten beobachtet. Bei den drei kleineren Kesseln ist der erste Schuß der im übrigen glatten Flammrohre gewellt. Sämtliche vier Kessel besitzen einen gemeinsamen Dampfsammler. Die sachgemäße Bedienung der Feuerung wird durch einen Heizwirkungsmesser „Ados" überwacht. Für später ist der Einbau von Überhitzern und von Speisewasservorwärmern vorgesehen. Die Kesselanlage ist, wie die Maschinenanlage, durch allmählichen Umbau einer älteren Anlage entstanden. Außer zum Betriebe des Kraftwerkes dient der Dampf noch zum Betriebe eines Kompressors und der Dampfhämmer, sowie zur Heizung. Die Dampfspannung beträgt 10 at; gefeuert wird mit Steinkohle.

Von den beiden, ebenfalls durch A. Borsig gelieferten Betriebsdampfmaschinen ist die erste eine stehende, die zweite eine liegende Verbundmaschine, beide mit Mantelheizung der Zylinder, aber ohne Niederschlagung des Abdampfes. Die Regelleistung der beiden Maschinen beträgt 300 und 110 PS, die dauernde Höchstleistung 375 und 150 PS. Die stehende Maschine hat Kolbenschiebersteuerung der Bauart Hochwald für beide Zylinder, die Steuerung des Hochdruckzylinders wird durch einen Achsregler so beeinflußt, daß bei plötzlicher Änderung der Belastung um 25 v. H. nach oben oder unten die Umlaufzahl sich höchstens um $1^1/_2$ v. H., und bei allmählichem Übergang vom Leerlauf zur vollen Belastung, oder umgekehrt, höchstens um 3 v. H. ändert. Die Steuerung des Niederdruckzylinders wird von Hand eingestellt. Die zweite, jetzt in Bereitschaft gehaltene Maschine kann auch als Zwilling arbeiten. Der Hochdruckzylinder hat Rider-Steuerung mit Regler, der Niederdruckzylinder ist mit Flachschiebersteuerung versehen.

Der gewöhnlich benutzte Stromerzeuger, dessen Anker auf die Welle der ersten Dampfmaschine aufgekeilt ist, ist eine 12 polige, regelmäßig 215 kW leistende Nebenschlußmaschine der Allgemeinen Elektrizitäts-Gesellschaft, mit 215 Umdr./min.

Eine zweite kleinere A.E.G.-Nebenschlußmaschine für 80 kW Regelleistung bei 570 Umdr./min, kann von der liegenden Dampfmaschine aus mittels Riemenvorgeleges angetrieben werden. Für gewöhnlich läuft indessen diese Nebenschlußmaschine als Motor. Sie erhält dann den Strom von dem großen Stromerzeuger und treibt die Wellenleitung des größten Teiles der Dreherei. Bei längerer Außerdienststellung des großen Stromerzeugers wird dieser Teil der Dreherei unmittelbar von dessen Dampfmaschine mittels Riemens angetrieben, während die zweite Maschine als Stromerzeuger arbeitet und den Teil der sonst von der ersten Maschine gespeisten Elektromotoren mit Strom versorgt, für welchen ihre Leistung ausreicht. Eine elektrisch angetriebene kleine Dynamo von 3÷14 kW Leistung dient zum Aufladen der Speicherbatterie von 864 Amp-st Leistung und einer größten Entladung von 288 Amp, die zur zeitweisen Übernahme eines großen Teiles des Kraftbetriebes ausreicht.

Betriebsergebnisse. Auf 1 qm Kesselheizfläche werden durchschnittlich 2,6 kg/st Steinkohle verfeuert, auf 1 qm Rostfläche 97 kg. Die Kessel sind also nicht stark angestrengt. Bei den Abnahmeversuchen fanden sich folgende Werte für die Verdampfung:

	Kessel Nr. 1	Einer der kleinen Kessel Nr. 2—4
Erzeugte Dampfmenge in 1 Std., insgesamt . . . . . kg	2490	1052
Erzeugte Dampfmenge in 1 Std. auf 1 qm Heizfläche . kg	20,8	17,1
Absolute Dampfspannung . . . . kg/qm	10,4	11,0
Gesamtwärme von 1 kg Dampf . . . . WE	661,5	662,3
Wärme des Kesselspeisewassers . . . . °	77,5	65,3
1 kg Dampf sind zugeführt . . . . WE	584	597
Kohlenverbrauch in 1 St., insgesamt . . . . kg	252	125
Kohlenverbrauch auf 1 qm Rost/st . . . . kg	93,7	63,1
Dampfmenge aus 1 kg Kohle (Verdampfungsziffer) . . kg	9,88	8,42
Ausgenutze Wärme aus 1 kg Kohle . . . . WE	5770	5026
Absolute Verdampfungsziffer, bezogen auf Dampf von 1 kg/qcm Spannung aus Wasser von 0°	9,06	7,89
Heizwert der Kohle nach chemischer Untersuchung . WE	7667	7157
Güteverhältnis des Kessels . . . . v. H.	75,3	70,2

Der große Kessel ist also in der verhältnismäßigen Leistung, wie im Güteverhältnis, den kleineren Kesseln einfacher Bauart überlegen. Die gemessene Erwärmung des Speisewassers ist lediglich durch die Strahlpumpen veranlaßt. Die regelmäßige Durchschnittsbelastung des großen Stromerzeugers ist 900 Amp oder 104 kW bei 115 Volt Spannung. Bei einer Stromstärke von 925 Amp wies die Dampfmaschine des großen Stromerzeugers 197 PS_i Zylinderleistuug auf. Hieraus ergibt sich ein Verhältnis der elektrischen Leistung zur Zylinderleistung $\dfrac{115 \times 925}{197 \times 736} = 0{,}73$.

Der Dampfverbrauch betrug nach Versuchsergebnissen bei der größeren Dampfmaschine 8,9 kg/PS_i-st, bei der kleineren 9,4 kg. Das Güteverhältnis der Maschinen berechnet sich hiernach bei regelmäßiger Belastung zu 89,5 und 84,5 v. H., bei höchster Belastung zu 90,5 und 86,5 v. H.

Die Anzahl im Jahresdurchschnitt erzeugter Kilowattstunden ist rund 280 000, die Kosten für 1 kW-st betragen einschließlich der Tilgung und Verzinsung der Bausumme 16,7 Pf. Die Kosten der Erweiterung der Maschinenanlage haben rund 50 000 M. betragen.

b) Kraftwerk in Kirchweye.

Die Maschinenanlage besteht aus:

2 Dampfkesseln von je 50 qm Heizfläche mit je 2 Flammrohren für 11 at Überdruck und überhitzten Dampf von 350°;

1 Unterflurkaminkühler aus Holz für eine Wassermenge von 50 cbm/st;

2 stehenden Heißdampf-Verbundmaschinen mit Niederschlagung des Abdampfes. Leistung je 120 PS_e bei 10 at Eintrittspannung, 350° Dampfwärme und 240 Umdr./min;

2 mit der Dampfmaschine unmittelbar gekuppelten Nebenschlußstromerzeugern für Gleichstrom von 440 Volt Spannung, Leistung je 80 kW;

1 Speicherbatterie von 648 Amp-st Leistung.

Das Kraftwerk dient der Beleuchtung und dem Betriebe der Maschinenanlagen des Bahnhofes und der Betriebswerkstätte in Kirchweye.

c) Kraftwerk der Hauptwerkstatt Lingen.

Die Anlage dient zur Beleuchtung und zum Maschinenbetrieb der Werkstätte. Die Maschinenanlage besteht aus:

3 Flammrohr-Heizrohrkesseln von je 200 qm Heizfläche für 12 at Überdruck und Überhitzung auf 350°;

2 Heißdampf-Verbundmaschinen mit Niederschlagung des Abdampfes, Leistung je 250 PS_e bei einer Eintrittspannung von 11 at, einer Dampfwärme von 350° und 210 Umdr./min;

2 mit den Dampfmaschinen unmittelbar gekuppelten Nebenschluß-Stromerzeugern für Gleichstrom von 440 Volt Spannung, Leistung je 170 kW;

1 Speicherbatterie von 756 Amp-st Leistung.

d) Kraftwerk in Brockau. (Abb. 24.)

Das Kraftwerk liefert den Gleichstrom von 220 Volt für die Beleuchtung des Sammel- und Verschiebebahnhofes und des Personenbahnhofes Brockau und zum Betriebe von Drehscheiben, Schiebebühnen, Kohlen-

kränen, Pumpen, Werkzeugmaschinen, Kettenrostfeuerungen und Schmutz-
wasserkläranlagen. Die Leistung betrug im Rechnungsjahre 1910: 516500
kW-st. Hiervon entfallen 425500 kW-St auf die Beleuchtung mit 148
Bogenlampen zu 6 ÷ 14 Amp und 821 Glühlampen, und 91000 kW-St
auf den Kraftbetrieb mit 21 Motoren zu 4 ÷ 76 Amp.

Die Kesselanlage mit 3 Wasserröhrenkesseln der Bauart Babcock &
Wilcox, von je 257 qm Heizfläche und 10 at Überdruck, liefert auch den
Dampf zur Heizung des Lokomotivschuppens und zum Auswaschen der
Lokomotiven, sowie zur Heizung verschiedener Gebäude. Der dritte
Kessel steht für gewöhnlich in Bereitschaft. Seit dem Einbau einer
Kettenrostfeuerung im Dezember 1910 wird nurmehr ein Gemenge von

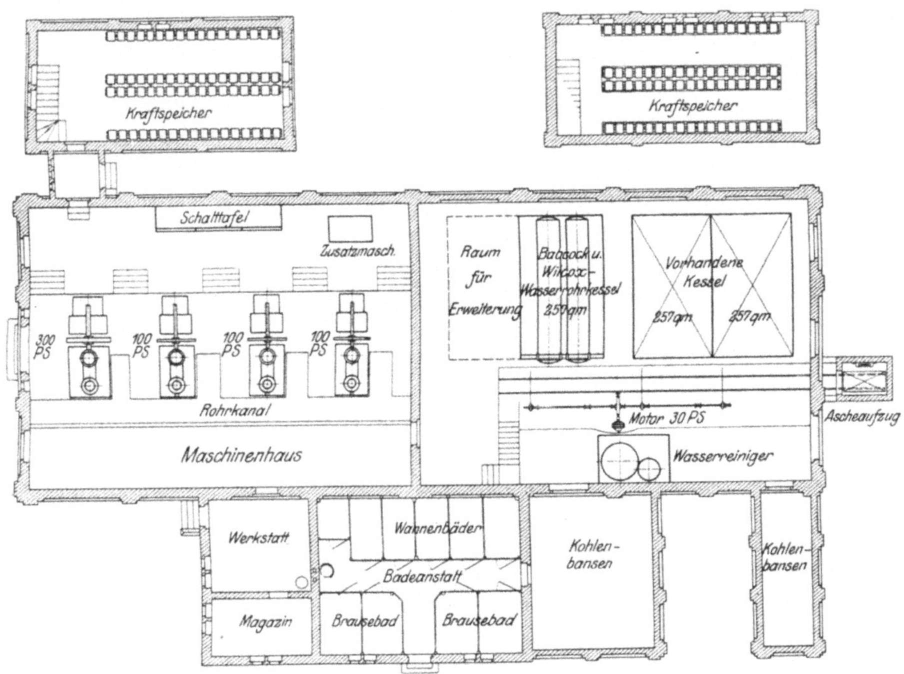

Abb. 24. Kraftwerk in Brockau.

$^2/_3$ Staubkohle und $^1/_3$ Rauchkammerlösche verfeuert. Der Strom wird
in 3 Nebenschlußmaschinen von 80 kW Leistung und 1 gleichartigen von
200 kW Leistung erzeugt, die je mit einer stehenden Verbunddampf-
maschine der Cottbuser Maschinenbauanstalt unmittelbar gekuppelt sind.
Die Maschinenanlage ist nur während der Nachstunden im Betriebe, der
Tagesbedarf für Kraft wird durch eine Speicherbatterie von 120 Zellen
mit einer Leistung von 900 Amp-st gedeckt, die nachts geladen wird.

Baukosten.

Grunderwerb	1 000 M.
Bauliche Anlagen	89 600 ,,
Dampfkessel und Zubehör	69 500 ,,
Dampfmaschinen und Zubehör	67 400 ,,
Elektrische Maschinen nebst Schaltanlage . .	36 200 ,,

Speicherbatterie . . . . 21 500 M.
Elektromotoren . . . . 25 600 „
Lampen . . . . 16 500 „
Leitungen und Masten . . . . 87 200 „

Insgesamt . . 414 500 M.

Betriebskosten.

Abschreibungen . . . . 20 800 M.
Zinsen 4 v. H. . . . . 16 600 „
Kohlen . . . . 26 800 „
Speisewasser . . . . 930 „
Gehälter für das Kraftwerk . . . . 12 400 „
Gehälter für den äußeren Betrieb . . . . . 28 600 „
Unterhaltung des Kraftwerks . . . . 3 100 „
Unterhaltung der Lampen, Leitungen und Mo-
toren . . . . 17 200 „
Schmieren, Putzen und Verpacken . . . . . 3 800 „

Ingesamt rund . . 130 200 M.

Bei einer gesamten Jahresleistung von 516 500 kW-st betragen die Selbstkosten für 1 kW-st demnach rund 25 Pf. Dieser Betrag wird sich voraussichtlich für die Folge auf 22,5 Pf. ermäßigen, indem seit der durch den Einbau der Kettenroste ermöglichten Verwendung minderwertigen Brennstoffs die Kosten für Brennstoff um rund 60 v. H. ermäßigt sind. Für die Rauchkammerlösche ist der von Dritten bisher gezahlte Preis von 1,80 M. für 1 cbm in Ansatz gebracht.

B. Wasserkraftwerk in Saarbrücken. (Abb. 25.)

Das Gefälle des Sulzbaches, von 5 m Höhe, wird durch eine von Briegleb, Hansen & Co. in Gotha gelieferte Francis-Turbine mit 252 Umdr./min ausgenutzt. Die geringste in der trockenen Jahreszeit verfügbare Wassermenge beträgt 700 l/sek, die Leistung der Turbine, nach Abzug der Reibungsverluste, 37 PS, die Nutzleistung der durch den Riemen angetriebenen Dynamomaschine 22 kW an den Klemmen. Der gewonnene elektrische Strom dient zur Unterstützung des im übrigen durch Dampf betriebenen Kraftwerkes Saarbrücken (vgl. S. 14), insbesondere zur Entlastung des dort aufgestellten Stromspeichers.

Baukosten (nach Anschlag).

Bauliche Anlagen . . . . 17 500 M.
Maschinenanlagen . . . . 7 500 „

Insgesamt . . 25 000 M.

Betriebskosten.

Verzinsung der Bausumme von 25 000 M. mit 4 % 1 000 M.
Abschreibung der Bauanlagen, 17 500 M. mit 5 % 875 „
Abschreibung der Maschinenanlagen, 7500 M.
mit 7,5 % . . . . 562,5 „
Bedienung, Schmier- und Putzmaterial . . . 1 000 „
Unvorhergesehenes . . . . 500 „

Insgesamt . . 3 937,5 M.

oder rund 4000 M.

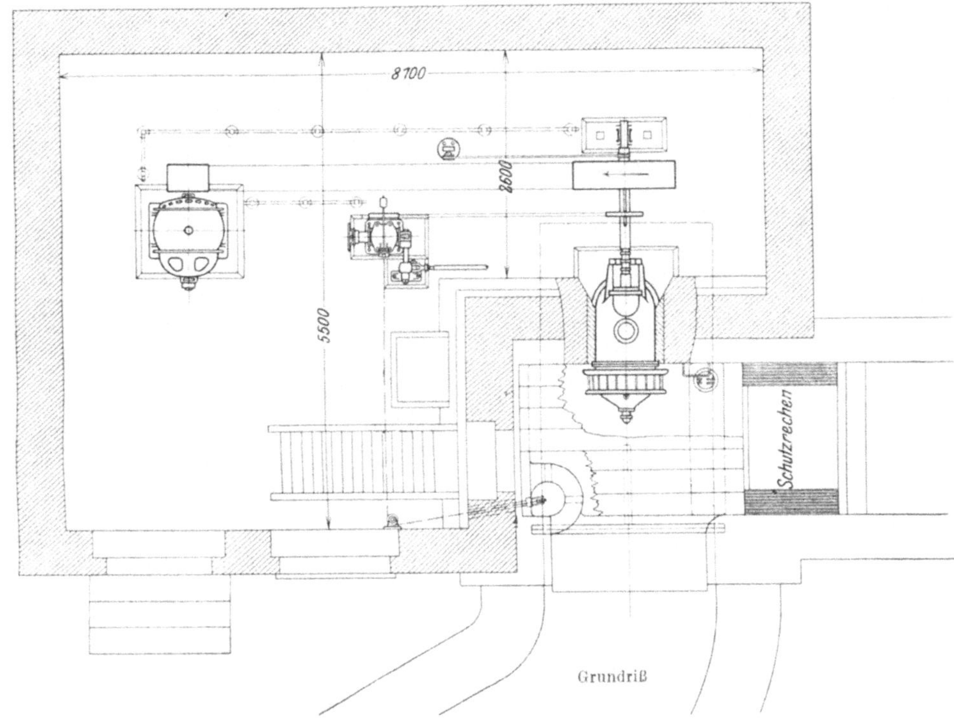

Abb. 25. Wasserkraftwerk in Saarbrücken.

Bei einer jährlichen Leistung von 176 000 kW-St, in 8000 Arbeits-
stunden, kostet demnach die Kilowattstunde:

$$\frac{400\,000}{176\,000} = 2{,}3 \text{ Pf.}$$

C. Kraftwerk mit Betrieb durch Leuchtgasmaschinen.

Das Kraftwerk in Herbesthal dient zur Beleuchtung des dortigen
Bahnhofes, sowie zum Betriebe von 4 Gepäckaufzügen, 2 Drehscheiben
und 1 Pumpe, und zum Laden der Speicherbatterien von Triebwagen.
Der Betrieb erfolgt durch 2 mit Leuchtgas gespeiste Gaskraftmaschinen
mit Stromerzeugern von je 30 kW Leistung und durch eine Dieselmaschine
mit einem Stromerzeuger von 50 kW Leistung. Weiteres s. S. 86.

D. Kraftwerke mit Betrieb durch Kraftgas.
(Sauggas, Wassergas.)
1. Betrieb mit Anthrazit und Koks.
a) Kraftwerk in Ülzen. (Abb. 26.)

Das Kraftwerk dient der Beleuchtung des Bahnhofes und der zugehörigen Gebäude, mit 36 Differential-Bogenlampen Axis von 10 Amp,
24 Differential-Bogenlampen Helios und 4 Siemens-Differentiallampen von
je 6 Amp, 2 Metallfadenlampen von je 100 NK und 62 desgleichen von
je 25 NK, sowie zum Antriebe eines Luftkompressors und von 2 Tischlerei-

4*

maschinen. Die Bogenlampen sind zu je 4 hintereinander geschaltet. Der
zur Beschaffung der Druckluft für das Ausblasen der Lokomotivröhren
dienende zweistufige Kompressor von Pokorny & Wittekind wird durch
eine Nebenschlußmaschine der Siemens-Schuckertwerke angetrieben. Die
Leistung ist 22 PS, der Kraftverbrauch 15,8 kW. 2,2 cbm/min Luft werden durch den Kompressor angesaugt und auf 8 at verdichtet. Die bei-

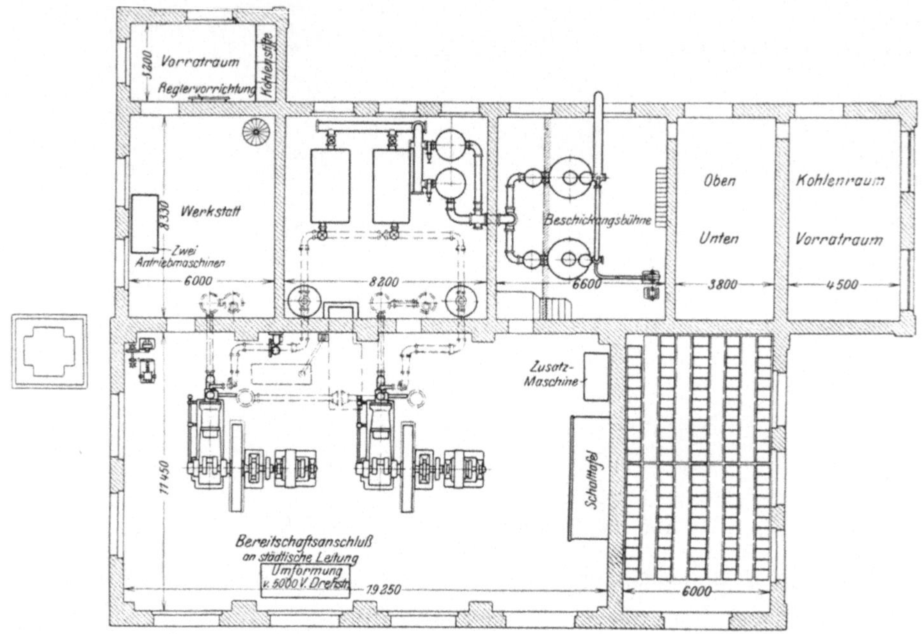

Abb. 26. Kraftwerk in Ülzen.

den Tischlereimaschinen werden durch einen A.E.G.-Motor von 2,7 PS
(2,6 kW) Leistung angetrieben.

Die Ausrüstung des Kraftwerkes besteht in 2 Kraftgas-Viertakt-
maschinen von Gebr. Körting, mit je 36 PS Leistung und 2 unmittelbar
gekuppelten Helios-Nebenschlußmaschinen für Gleichstrom von 220 Volt
Spannung, mit einer Leistung von je 24 kW. Das Anlassen erfolgt durch
Druckluft.

Das Betriebsgas wird aus Koks und Anthrazit nach der üblichen
Körtingschen Anordnung erzeugt. Der erforderliche Dampf wird aus den
Kesseln der Wasserstation entnommen.

Die Stromerzeugung betrug im Jahre 1910 71 000 kW-st, der Selbstkostenpreis für 1 kW-st einschl. Verzinsung und Tilgung 28 Pf.

b) Kraftwerk in Lüneburg. (Abb. 27.)

Das Kraftwerk dient der Beleuchtung des Bahnhofes und der zugehörigen Gebäude, sowie zum Antriebe eines Luftkompressors von 1,5 PS
Höchstleistung bei einem durchschnittlichen Kraftverbrauch von 1 kW.
An Bogenlampen sind vorhanden: 24 Flammenbogenlampen von je 10 Amp,
zu je 6 hintereinander geschaltet, 12 Differentiallampen zu 12 Amp, je

.4 hintereinander geschaltet, 8 Flammenbogenlampen Excello zu 8 Amp,
je 4 hintereinander, und 2 Sparbogenlampen von 4 Amp, beide hintereinander, ferner 10 Axis-Lampen und 4 Differentiallampen von je 6 Amp,
2 Dauerbrandlampen zu 4 Amp und 2 Sparbogenlampen zu 5 Amp,
paarweise hintereinander. An
Glühlampen sind 108 Stück,
60 zu 16 und 48 zu 25 NK,
vorhanden.

Die von Gebr. Körting
gelieferte Gaserzeugungs-
und Maschinenanlage besteht
aus 2 Gaserzeugern, in denen
$^2/_3$ Anthrazit und $^1/_3$ Koks
gemischt verwendet wird,
nebst Zubehör, und 2 mit
12 poligen A.E.G.-Neben-
schlußmaschinen von je 33
kW Leistung gekuppelten
Viertakt-Gasmaschinen von
je 50 PS-Leistung mit Zu-
behör. Der Gasdruckregler
beeinflußt einen Strahlsau-
ger, der auf die Gaserzeugung

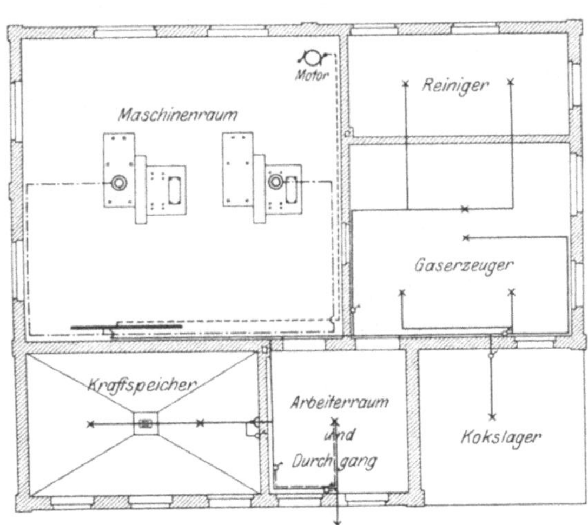

Abb. 27. Kraftwerk in Lüneburg.

so einwirkt, daß Erzeugung und Verbrauch in Einklang bleiben. Das Anlassen der Gasmaschinen erfolgt durch Druckluft von 8 at Pressung.

In Lüneburg, wie in Ülzen, ist außerdem ein Dieselmotor mit Stromerzeuger zum Laden der Batterien von Triebwagen aufgestellt.

Die Selbstkosten für 1 kW-st betrugen für 1910 27 Pf. bei einer
Stromerzeugung von 97 000 kW-st.

c) Kraftwerk in Wahren bei Leipzig.

Das Kraftwerk liefert Gleichstrom von 2×220 Volt zur Beleuchtung
und Kraftversorgung des Verschiebebahnhofs Wahren (Leipzig). Die von
Gebr. Körting gelieferte Kraft(Druckgas-)anlage wird mit einem Gemisch
von Anthrazit und Koks zu gleichen Teilen betrieben. Der erforderliche
Dampf wird in einem besonderen, mit Braunkohle geheizten Kessel erzeugt. Die Maschinenanlage besteht aus einer neueren zweizylindrigen
und zwei schon etwas älteren einzylindrigen Körtingschen Viertaktmaschinen
mit 180 und 146 Umdr./min und einer Leistung von je 250 und 150 PS,
die mit A.E.G.-Nebenschlußmaschinen unmittelbar gekuppelt sind, und
aus 2 Zusatzmaschinen zum Laden der Speicherbatterie. Das Kraftgas
strömt aus den Gaserzeugern durch einen Winderhitzer, Vorwärmer,
Wascher und Sägespänereiniger zu der Reglerglocke und von da zu den
Maschinen. Die Haube der Reglerglocke ist der Rückstöße von den Maschinen halber federnd aufgehängt. Ein Mittel gegen das auch anderwärts beobachtete starke Rosten der Wascher an der Eintrittstelle des
Gases ist noch nicht gefunden. Die Maschinen arbeiten mit Regelung
des Gemisches von Gas und Luft. Anlassen erfolgt durch Druckluft, die
durch einen kleinen elektrisch angetriebenen Kompressor beschafft wird.
Für das Kühlwasser ist ein Kaminkühler vorgesehen.

Die Stromerzeuger liefern den Strom mit 440 Volt Klemmenspannung und sind mit Stromteilern nach Dolivo-Dobrowolski (A.E.G.) für Dreileiteranordnung versehen. Der Nulleiter ist bei der neueren Maschine mehrfach, der Anzahl der Maschinenpole entsprechend, an den Anker des Stromerzeugers angeschlossen, um starke Erwärmungen bei ungleicher Belastung der beiden Hälften des Dreileiternetzes zu vermeiden. Außerdem ist der Nulleiter in üblicher Weise mit der mittleren Zelle der Speicherbatterie verbunden, die aus 2×122 Zellen mit einer Gesamtleistung von 648 Amp-st bei dreistündiger Entladung besteht.

Baukosten.

Grunderwerb	1 000 M.
Bauliche Anlagen	42 917 „
Gaserzeugungs- und Maschinenanlage	122 000 „
Elektrische Ausrüstung	37 358 „
Speicherbatterie	23 502 „
Leitungen des Kraftwerkes	4 113 „
Insgesamt . .	230 890 M.

Betriebskosten für 1910.

Kraftgas, Verbrauch 1 109 747 cbm	16 706 M.
Kühlwasser, 22 573 cbm	903 „
Gehälter und Löhne	4 212 „
Unterhaltungskosten	1 425 „
Schmieren, Putzen und Verpacken	1 253 „
Heizung und Beleuchtung der Diensträume .	220 „
Tilgung der Bausumme von 230 900 M. (für bauliche Anlagen 3, Maschinen 5, Batterie 10 v. H.)	11 729 „
Zinsen 4 v. H.	9 236 „
Insgesamt . .	45 684 M.

Erzeugt sind 374 460 kW-st, mithin betragen die Selbkosten für 1 kW-st:

$$\frac{45\,684 \times 100}{374\,460} = 12{,}2 \text{ Pf.}$$

d) Kraftwerk in Neuß. (Abb. 28.)

Der in dem Kraftwerke gewonnene Gleichstrom von 250 Volt dient zur Innen- und Außenbeleuchtung des Personen- und Güterbahnhofs Neuß und zum Betriebe der Gepäckaufzüge, Drehscheiben, Kohlenladekräne, Maschinen der Betriebswerkstätte und des Wasserwerkes.

Die Maschinenanlage besteht aus 2 Gasmotoren der Gasmotorenfabrik Deutz, von je 125 PS Regelleistung, 140 PS Höchstleistung, 2 mit diesen durch Lederbandkuppelungen nach Zodel-Voith unmittelbar verbundenen A.E.G.-Nebenschlußmaschinen nebst Zubehör und einer Zusatzmaschine zum Laden der Speicherbatterie. Die zu letzterem Zwecke erforderliche Spannungserhöhung von 250 auf 340 Volt kann auch durch Steigerung der Umlaufzahl der Stromerzeuger von 180 auf 220/min erreicht werden.

Für gewöhnlich wird hierzu jedoch die elektrisch durch einen Motor von 47 PS Leistung angetriebene Zusatzmaschine verwendet. Die Speicherbatterie der Pflüger-Akkumulatorenwerke hat mit 137 Zellen eine Leistung von 975 Amp-st, die größte Stärke des Entladestroms ist 325 Amp.

Das Betriebsgas (Sauggas) wird aus dem in einer Gasanstalt der Eisenbahnverwaltung gewonnenen Koks erzeugt, nachdem sich herausgestellt hat, daß er hierzu ebenso gut geeignet ist wie Anthrazit, sofern er nur gut durchgebrannt und trocken ist. Der Koks muß deshalb in überdeckten Räumen gelagert werden. Auch Zumischung von Schmelzkoks ergab keinen Vorteil für die Gaserzeugung, dagegen wurde die Ausmauerung der Gaserzeuger durch den Schmelzkoks stärker angegriffen. Im übrigen ist die von Julius Pintsch gelieferte Sauggasanlage in üblicher Weise ausgeführt. Zum Anblasen der Gaserzeuger und zum Ausblasen der Rohrleitungen bei der Reinigung ist ein elektrisch angetriebenes Schleudergebläse mit 1,5 PS Kraftverbrauch angeordnet. Angelassen werden die Gasmaschinen mittels Druckluft, die durch einen elektrisch angetriebenen Kompressor von 3,5 PS nebst Druckluftbehälter beschafft wird. Für das Kühlwasser ist ein von einer ebenfalls elektrisch angetriebenen Kreiselpumpe von 2 PS bedienter Kühlturm vorgesehen, von dem aus das Wasser den Maschinen wieder selbsttätig zufließt. Ein Laufkran von 1500 kg Tragfähigkeit ist ebenfalls vorgesehen.

Abb. 28 zeigt den Schaltplan für die Maschinen und Leitungen. Es sind folgende verschiedene Schaltungen möglich:

1. können beide Stromerzeuger und die Speicherbatterie nebeneinander auf das Netz geschaltet werden;
2. kann die Speicherbatterie während des Lichtbetriebes unter Zuhilfenahme der Zusatzmaschine geladen werden;
3. kann einer der beiden Stromerzeuger mit der Regelspannung auf das Netz geschaltet werden, während der zweite Stromerzeuger mit erhöhter Umdrehungszahl läuft und die Speicherbatterie auflädt;
4. kann eine der beiden Gasmaschinen in der Weise angelassen werden, daß ein Teil der Speicherbatterie auf den zugehörigen Stromerzeuger geschaltet wird und dieser als Motor läuft.

Für die Außenbeleuchtung des Bahnhofes sind Intensiv-Flammenbogenlampen von 8, 10 und 12 Amp mit selbsttätig wirkenden Ersatzwiderständen besonderer Anordnung vorgesehen, die an umlegbaren eisernen Gittermasten in 12—16 m Lichtpunkthöhe aufgehängt sind. Zur Innenbeleuchtung größerer Räume sind Fixpunkt-Differentiallampen, für die Bahnsteige und für kleinere Räume Metallfadenlampen verwendet.

Der elektrische Strom wird in unterirdisch verlegten, durch Eisenbandumhüllung geschützten Kabeln von 180, 150 und 70 qmm Querschnitt, für Licht und Kraft getrennt, den einzelnen Verteilungsstellen zugeführt. Dort sind Unterschalttafeln aufgestellt, von denen aus die einzelnen Stromkreise eingeschaltet werden. Die elektrischen Motoren werden auf diese Weise ohne weiteres mit Strom von 250 Volt Klemmenspannung, bei einem zugelassenen Spannungsabfall bis zu 10 v. H. gespeist, während in die Lichtkabel selbsttätige Spannungsregler eingebaut sind, durch die die Spannung gleichmäßig auf 220 Volt erhalten wird. In die Kabel sind Meßleitungen

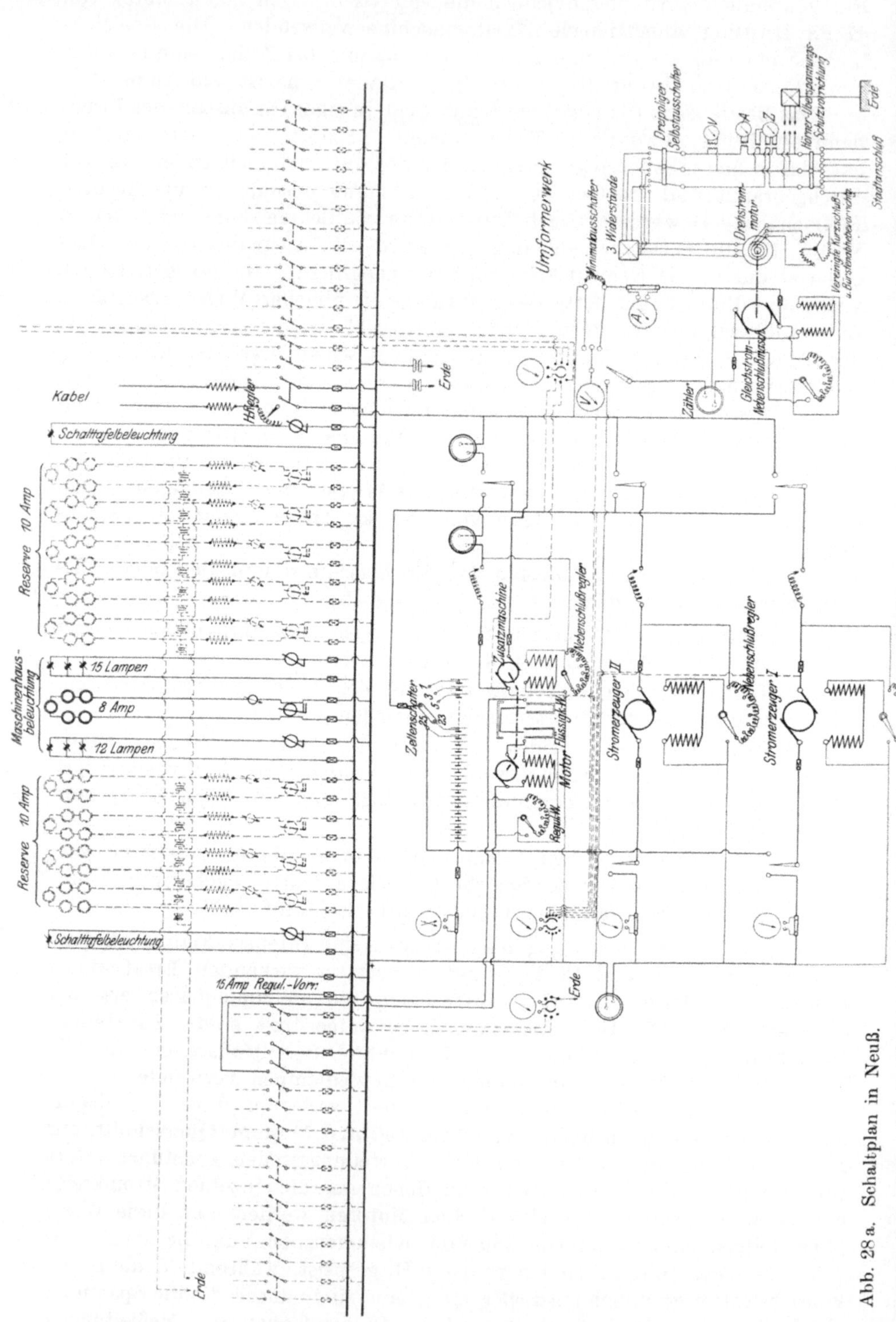

Abb. 28a. Schaltplan in Neuß.

eingelegt, mit Hilfe deren im Maschinenhause die an den Unterschalttafeln vorhandenen Stromspannungen abgelesen werden können.

In unmittelbarer Nähe des Kraftwerkes liegt die Wasserversorgungsanlage mit zwei von Klein, Schanzlin & Becker gelieferten Expreßpumpen, die 6,5 m unter Flur eingebaut sind und von oberhalb, in der Betriebswerkstätte, aufgestellten Elektromotoren von je 12 PS mittels Riemen angetrieben werden.

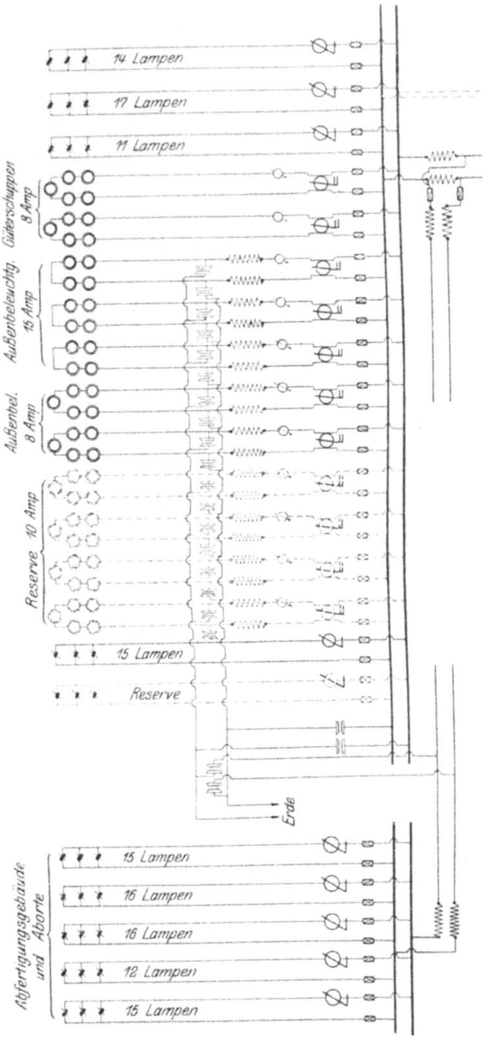

Seit der Erweiterung des Bahnhofes Neuß wird die Maschinenanlage des Kraftwerkes voll ausgenutzt, ohne daß mehr die zur Sicherung ungestörten Betriebes erforderlichen Bereitschaftsmaschinen übrig bleiben. Auf eine entsprechende Erweiterung der Maschinenanlage ist indessen Verzicht geleistet, weil mittlerweile seitens der Stadt Neuß Drehstrom von 5000 Volt zu dem Preise von 12 Pf. für 1 kW-st auf der Hochspannungsseite zur Verfügung gestellt ist. Zur Verwendung des städtischen Stromes in Notfällen ist in dem Kraftwerk ein von E. H. Geist in Cöln-Zollstock gelieferter Umformer angeordnet, der aus einem Asynchron-Drehstrom-Hochspannungsmotor von 185 PS Leistung bei 735 Umdr./min und einem Gleichstromerzeuger von 125 kW Leistung bei 250 Volt Spannung besteht.

Da die Selbstkosten für den in dem bahneigenen Kraftwerk erzeugten Gleichstrom von 250 Volt 13 Pf. für 1 kW-st betragen, so ist es nicht ausgeschlossen, daß in der Folge, bei weiterer Preisermäßigung für den Strom

Abb. 28b. Schaltplan in Neuß.

des städtischen Elektrizitätswerkes, das bahneigene Kraftwerk stillgelegt oder nurmehr in Bereitschaft gehalten und die Umformeranlage entsprechend ergänzt wird.

e) Kraftwerk in Wunstorf. (Abb. 29.)

Die den Lichtstrom für den Bahnhof Wunstorf liefernde Anlage besteht aus zwei mit Koks oder Anthrazit zu feuernden Sauggaserzeugern und zwei liegenden Viertakt-Gasmaschinen der Gasmotorenfabrik Deutz, nebst Zubehör, von je 55 PS Regelleistung bei 190 Umdr./min, die mit Nebenschluß-Gleichstromerzeugern, für 220 Volt und 160 Amp, gekuppelt sind, sowie einem Elektrizitätsspeicher mit 120 Zellen und einer Gleichstromzusatzmaschine mit Umdrehungen bis zu 1250/min, zur Erhöhung der Spannung um 40÷100 Volt. Die Leistung der Speicherbatterie ist 324 Amp-st, der Entladestrom hat, wie der Ladestrom, eine Stärke von 110 Amp. Die Batterie wird ungeteilt geladen, 26 Zellen sind abschaltbar. In Gang gebracht werden die Gasmaschinen durch Preßluft, die mittels einer elektrisch angetriebenen Druckpumpe beschafft wird. Gespeist werden durch die Stromerzeuger 52 Differential-Bogenlampen von 12 und 6 Amp Stromstärke, zur Beleuchtung der Gleise, der Zwischenbahnsteige und der Ladestraße, in einer Lichtpunkthöhe von 14, 5,8 und 6 m, bei einem mittleren gegenseitigen Abstande der Maste von 75, 36 und 41 m, ferner 175 Glühlampen von 16, und 6 von 25 NK, sowie 2 Elektromotoren von 1,6 und 0,2 kW Arbeitsverbrauch, zum Betriebe der Druckluftpumpe und eines kleinen Schleudergebläses zum Anblasen der Gaserzeuger. Die Bogenlampen, mit einer Klemmenspannung von 42 Volt, sind zu je vier, die Glühlampen paarweise hintereinander geschaltet, die Elektromotoren sind einzeln angeschlossen.

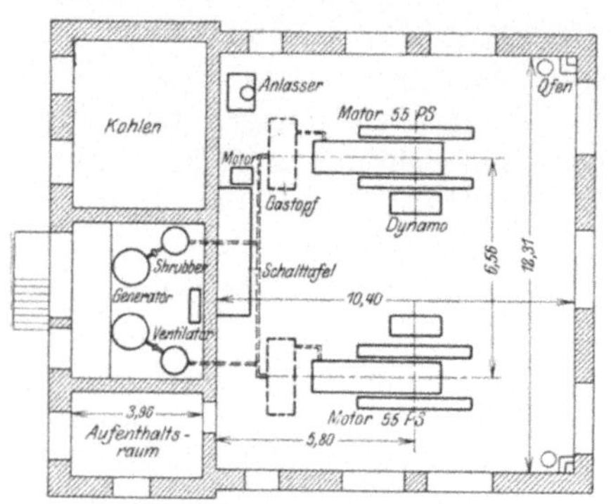

Abb. 29. Kraftwerk in Wunstorf.

Lieferer sind: für die Speicherbatterie die Akkumulatorenfabrik Böse (Berlin), für die sonstigen elektrischen Einrichtungen Siemens & Halske A.-G.

Baukosten.

Für Grunderwerb, Gebäude, Lampen, Leitungen und
    Sauggasanlage . . . . 40 999 M.
Für die Maschinenanlage und die Speicherbatterie . 41 621 „
                          Zusammen 82 620 M.

Betriebskosten.

Feuerungsstoff, 143,55 t zu 23,50 M. . . . . 3 373,40 M.
Kühlwasser, 13 800 cbm zu 4,34 Pf. . . . . . . 598,90 „
Löhne für 2 Maschinisten und 2 Maschinenwärter 8 723,80 „
Unterhaltung der Maschinen mit Zubehör . . . 140,40 „
    „   „ Speicherbatterie . . . . 13,90 „
Schmier-, Putz- und Verpackungsstoffe . . . . . 940,50 „
                    Zusammen 13 790,90 M.
Zinsen, 3,5 v. H. . . . . 2 891,70 „
Abschreibungen, 7 v. H. . . . . 5 783,40 „
                    Zusammen 22 464,00 M.

Erzeugt und abgegeben sind in 1910 rund 114 900 kW-st. Mithin kostet die erzeugte abgegebene Kilowattstunde: $\dfrac{22\,464 \times 100}{114\,900} = 19{,}5$ Pf.

2. Betrieb mit Rauchkammerlösche.

a) Kraftwerk der Hauptwerkstatt Schneidemühl[1]).   (Abb. 30.)

In dem Kraftwerk der Hauptwerkstatt Schneidemühl sind zwei Sauggaserzeuger, für eine Leistung von je 500 PS aufgestellt, deren einer mit
Rauchkammerlösche gefeuert wird und regelmäßig im Betriebe steht,
während der andere, für gewöhnlich in Bereitschaft bleibende, für Beschickung mit Koks gebaut ist.

Über die Erzeugung von Sauggas aus Rauchkammerlösche nach dem
auf Anregung von Reg.- und Baurat Herrmann (Göttingen) und Geh. Bau-

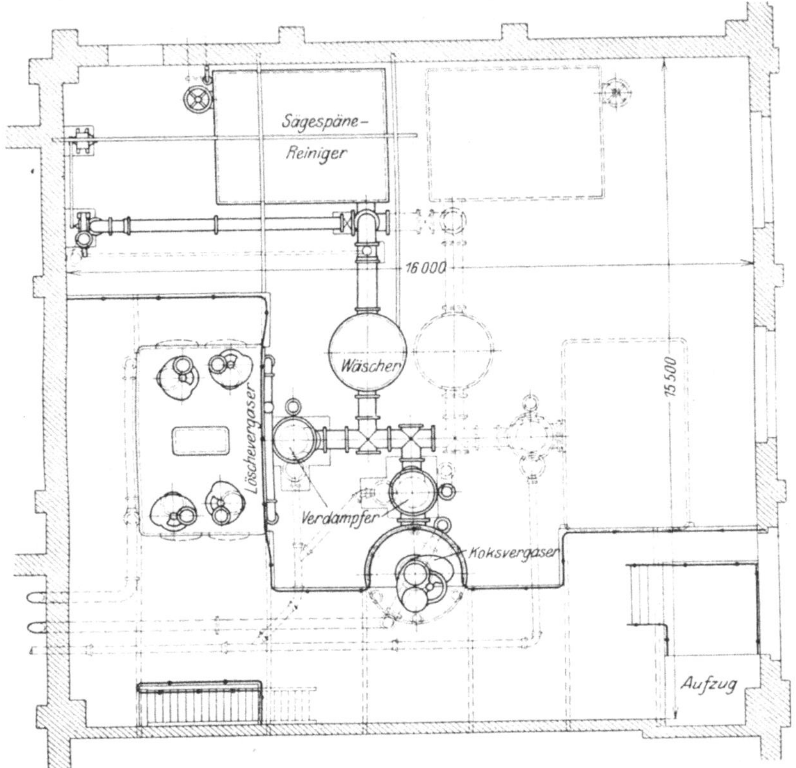

Abb. 30. Kraftwerk in Schneidemühl.

rat Lehmann (Königsberg) von dem Werke Julius Pintsch entwickelten
Verfahren seien zunächst einige allgemeine Bemerkungen gestattet[2]).

Die Rauchkammerlösche ist, abgesehen von der rund $^1/_5$ der Gesamt-
menge betragenden Beimischung von Asche, ein ziemlich hochwertiger
Brennstoff, der auch bei passenden Einrichtungen unter Dampfkesseln verfeuert werden kann und für den beispielsweise in Breslau ein Verkaufs-

---

[1]) Glas. Annal. 1910, Bd. 67, S. 73 ff.

[2]) Ztg. d. Ver. Deutsch. Eis.-Verw. 1902: Herrmann, Zur Frage der besseren Ver-
wendung der Feuerungsrückstände der Lokomotiven; Stahl und Eisen, 1906, S. 796 ff.:
Sauggaserzeuger für teerbildende Brennstoffe und für kleinstückigen Koksabfall; Glas.
Annal. 1909, Bd. 64, S. 101 ff.: Sauggeneratorgasanlagen mit Kohlenlöschebetrieb.

preis von 1,80 M. für 1 cbm erzielt wird. Die Schwierigkeit ihrer Verwendung zur Gaserzeugung liegt auch keineswegs in zu geringer Ausbeute an brennbarem Gase. Ebenfalls ist der hohe Aschegehalt an sich noch kein sehr erschwerender Umstand. Der Hauptgrund liegt vielmehr lediglich in der Feinheit des Korns und in der dadurch bedingten Dichtigkeit der Schichtung. Die dem Roste zugeführte Luft wird hierdurch genötigt, den leichteren Weg längs der Schachtwandung zu nehmen. Dies gibt Anlaß zur Schlackenbildung, die durch den hohen Aschegehalt gefördert wird. Die schwer zu entfernenden Schlacken sind insbesondere deshalb nachteilig, weil sie Luft durchlassen, so daß am obern Ende des Ofenschachtes das dort austretende Gas zum Teil verbrennt. Dies ist dann der Anlaß eines stets wachsenden Gehaltes des Sauggases an Kohlensäure. Um die der Feuerung zugeführte Luft von der Schachtwandung abzuleiten, muß deshalb das Gas aus der Mitte des Schachtes abgesaugt werden (Abb. 31), statt, wie gewöhnlich, von oben. Die Schachtwandung bleibt

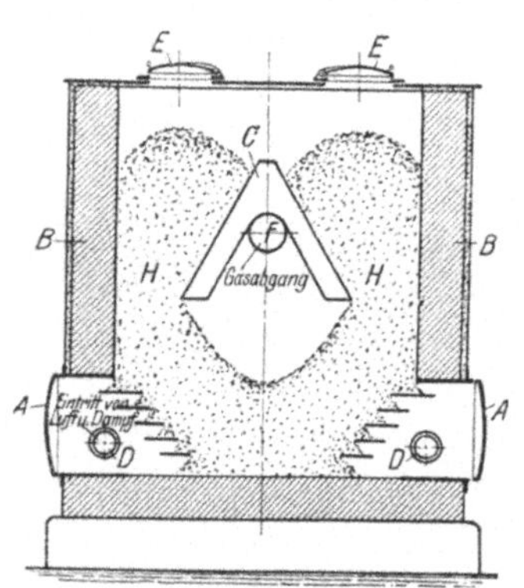

Abb. 31. Gaserzeuger für Rauchkammerlösche.
(Bauart Julius Pintsch.)

dabei fast vollständig rein von Schlacken. Statt der sonst üblichen größeren mittleren Aufgabevorrichtung sind vier oder fünf kleinere Fülltrichter im Kreise herum verteilt angeordnet. Zur Verhütung zu starker Anreicherung des Gases mit Wasserstoff, bei plötzlicher starker Entlastung der Maschinen und unvermindertem Dampfzufluß, ist die Dampf- und Luftzuführung geregelt. Statt der für Vergasung aus Anthrazit oder Koks üblichen Planroste sind Treppenroste eingebaut, weil sich die für den feinkörnigen Feuerungsstoff erforderlichen schmalen Spalten, bei dazu hohem Aschegehalt, bald verstopfen würden. Dies sind die wesentlichen Unterschiede gegenüber der Bauart der sonst üblichen Sauggaserzeuger. Die zugehörigen Reiniger sind ebenfalls in der sonst gebräuchlichen Weise ausgeführt. Beschickt werden die beiden Schachtöfen von einer hochgelegenen Bühne aus. Infolge größeren Raumbedarfs ist der mit Lösche betriebene Gaserzeuger der Anlage in Schneidemühl erheblich höher als der gleich leistungsfähige mit Koks betriebene. Bei andern neueren Ausführungen sind ebenfalls von J. Pintsch gelieferte niedrige Gaserzeuger mit großem Durchmesser verwendet (s. S. 66). Auf die ursprünglich beabsichtigte Erweiterung der Anlage in Schneidemühl durch einen dritten Gaserzeuger ist verzichtet, indem das Kraftwerk jetzt, nach dem Anschluß des Netzes und der Verpachtung des Kraftwerkes an die Brandenburgischen Karbidwerke, nurmehr in Bereitschaft steht. Die dort gewonnenen Betriebserfahrungen sind deshalb nicht weniger wertvoll.

Der untere Heizwert der in Schneidemühl vergasten, meist aus oberschlesischer Steinkohle gewonnenen Rauchkammerlösche ist etwa 6073 WE/kg. In Königsberg ist für grobkörnige Lösche aus schlesischer Kohle ein Heizwert von rund 7000 WE ermittelt worden, während er für feinkörnige Lösche bis auf 4680 WE sank. Anderwärts ist für Lösche aus oberschlesischer Kohle ein Heizwert von 6050÷6230 WE, bei einem Wassergehalt von $5 \div 30$ v. H. und einem Aschegehalt von $19 \div 23$ v. H., für Lösche aus Saarkohle ein Heizwert von 4521 WE/kg, bei einem Aschegehalt von 32 v. H. ermittelt worden. Die Zusammensetzungen des erzeugten Sauggases ist unabhängig von der Herkunft der Lösche, dagegen ist, wie erwähnt, die Kornstärke von großem Einfluß auf den Heizwert des Gases. In Königsberg (s. S. 68) fand sich der Heizwert des Gases aus schlesischer Lösche zu $987 \div 1050$ WE/cbm. Die Zusammensetzung des Gases schwankte zwischen dem günstigsten Werte:

$$24,2 \text{ CO}$$
$$9,2 \text{ H}_2$$
$$4,8 \text{ CO}_2$$

und dem ungünstigeren, der eine Folge zu heißen Ganges des Ofens infolge starker Schlackenbildung war:

$$17,6 \text{ CO}$$
$$20,0 \text{ H}_2$$
$$10,4 \text{ CO}_2.$$

Der Gesamtheizwert des Gases ändert sich nur wenig, indem bei größerem Gehalt an CO der Wert für H_2 entsprechend kleiner wird und umgekehrt.

Bei dem Abnahmeversuch in Eydtkuhnen im März 1909 fanden sich folgende Werte:

Zeit	Zusammensetzung des Gases					Leistung der Stromerzeuger kW-st	Unterdruck in mm im Wasser			Dampf-druck at
	CO_2	O	CO	H_2	WE/cbm		Gas-erzeuger	Skrub-ber	Reiniger	
8^{15}	—	—	—	—	—	48	10	35	40	0,8
8^{30}	—	—	—	—	—	—	—	—	—	—
8^{45}	—	—	—	—	—	96	—	—	—	—
9^{00}	8,9	0,1	24	11,0	1014	360	10	35	40	0,8
11^{30}	5,2	—	28	11,9	1160	—	—	—	—	—
12^{00}	—	—	—	—	—	—	—	—	—	—
3^{10}	—	—	—	—	—	300 [1])	10	35	40	0,8
3^{30}	3,0	—	3,0	12,0	1223	98	10	35	40	0,8
4^{05}	—	—	—	—	—	—	—	—	—	—
4^{30}	—	—	—	—	—	42 [1])	—	—	—	—

Zusammen: 800 kW-st im Durchschnitt

Bei den Abnahmeversuchen im März 1909 fand sich für sehr grobkörnige Lösche ein Heizwert des Gases von 1223 WE. Bei mittlerem Korn und ausreichender Belastung der Maschinen sinkt der Wert nicht erheblich unter 1000 WE. Bei grobkörniger Lösche und voller Belastung der Maschinen ist mit einem Verbrauch von etwa 1,25 kg/kW-st für die reine gewonnene Nutzarbeit zu rechnen. Für den regelmäßigen Betriebsdurchschnitt ist infolge der Verluste aus oben angegebener Quelle und wegen Beimischung feinkörniger Lösche ein Verbrauch von rund 2,5 kg/kW-st anzunehmen.

Von 4^{30} bis 5^{00} wurden die Schlacken gezogen und dabei im ganzen 259 kg Rückstände gewonnen. Der Kohlenverbrauch betrug nach obigem

---

[1]) Geschätzte Werte.

747,5 kg für eine Leistung von rund 800 kW-st, mithin $\dfrac{747,5}{800} = 0,94$ kg/kW-st ausschließl. der Verluste durch Aschegehalt und Schlacken. Bei Einrechnung dieser ist der Verbrauch an Feuerungsstoff $= 1,25$ kg/kW-st, oder für 1 PS, bei einem Güteverhältnis des Stromerzeugers von 91 v. H.: $0,94 \times 0,66 = 0,63$ kg und $1,25 \times 0,66 = 0,83$ kg/kW-st. Der Heizwert der Lösche ist nicht bestimmt worden.

Bei Verfeuerung von Lösche mittlerer Kornstärke und bei ausreichender Belastung der Gaserzeuger sinkt der Heizwert des gewonnenen Sauggases nicht erheblich unter 1000 WE/cbm. Nach Versuchen von J. Pintsch sank der Heizwert des Gases aus feinkörniger Lösche auf $747 \div 756$ WE/cbm, der entsprechende Verbrauch an Lösche stieg alsdann, ohne Berücksichtigung der Verluste durch Abbrand in den Betriebspausen, durch Abschlacken und zeitweise Unterbelastung der Maschinen, auf 2,75 kg/kW-st. Bei Verwendung grobkörniger Lösche und bei voller Belastung der Gaserzeuger werden etwa 1,25 kg Lösche/kW-St verbraucht, während im regelmäßigen Betriebe, wegen der Verluste durch Abbrand in den Betriebspausen, sowie infolge des Ausschlackens und der unregelmäßigen Belastung der Maschinen und der Gaserzeuger, und wegen der Beimengung feinkörniger Lösche, mit einem Verbrauch von etwa 2,5 kg/kW-st zu rechnen ist.

Das Güteverhältnis der mit Rauchkammerlösche betriebenen Gaserzeuger ist etwa 80 v. H.

In Schneidemühl beträgt der Verbrauch einschl. Verluste $2,0 \div 2,4$ kg/kW-st.

Teerige Bestandteile sind in der Lösche nicht vorhanden, der Gehalt an Methan (CH_4) ist deshalb verschwindend klein und ein Verschmutzen der Kolben und Zylinder, wie es bei der Verwendung von Gaskoks vorkommt, ist nicht zu befürchten. Die Lösche aus oberschlesischer Kohle backt nicht und bedarf auch keiner Reinigung vor der Vergasung, beigemengte Schlacken beeinträchtigen den Gang der Vergasung nicht, Zusatz von Steinkohle ist dagegen zu unterlassen.

Zum Schutze gegen Nässe wird die Lösche in eigens zu dem Zwecke aus alten Güterwagen hergerichteten Deckelwagen verladen und in einen versenkt eingebauten und zu gleichen Teilen für Koks und für Lösche bestimmten Behälter gefüllt. Von hier aus wird die Lösche oder der Koks in eiserne dreiräderige Karren gefüllt und elektrisch auf eine Plattform gehoben. Die Karren werden dann mittels einer Hängebahn über die vier Fülltrichter des einen oder den einen Fülltrichter des andern Gaserzeugers gebracht und abgestürzt. Bei der Wiederaufnahme des Betriebes nach den Ruhepausen wird das Gas so lange durch ein elektrisch angetriebenes Schleudergebläse abgesaugt und hinaus geleitet, bis es genügend angereichert ist, um zum Betriebe der Maschinen fertig zu sein. Dasselbe Gebläse wird zu Untersuchungen der Gasleitungen unter Druck und zur Zuleitung des Gases zu den Maschinen nach längeren Betriebspausen oder, nach Bedarf, bei starker Belastung der Maschinen benutzt. Bei reinem Tagesbetrieb werden zweimal täglich, morgens und mittags, die Schlacken entfernt. Bei dem mit Lösche betriebenen Gaserzeuger werden die etwa entstandenen Schlackenbrücken zunächst von den Einschüttöffnungen her durchgestoßen, um den plötzlichen Zusammensturz beim Abschlacken von untenher zu verhindern. Betriebsstörungen durch zu starke Schlackenbildung sind bei der Löschefeuerung in drei Jahren nicht vorgekommen.

Vorläufig sind nur zwei einfachwirkende, mit Stromerzeugern für Gleichstrom von 240 Volt gekuppelte Körtingsche Viertakt-Gasmaschinen von je 250 PS, bei einem Zylinderdurchmesser von 500 mm, einem Hub von 800 mm, 170÷187 Umdr/min und einem Ungleichförmigkeitsgrade von 1/120 aufgestellt. Beide Maschinen können zusammen durch einen der zwei Gaserzeuger mit Sauggas versorgt werden. Die Erhöhung der Umlaufzahl von 170 auf 187/min ist nur bei einer der beiden Maschinen, für den Fall der Unbrauchbarkeit der Zusatzmaschine, vorgesehen. Das Mischungsverhältnis des den Maschinen zugeführten Gases mit Luft wird mittels eines Handrades eingestellt, der Fliehkraftregler mißt die Menge des Gemisches zu, ohne das Mischungsverhältnis zu ändern. Der freie Raum im Maschinenhause reicht zur Aufstellung von zwei weiteren Gasmaschinen gleicher Bauart mit je 500 PS Leistung aus, für welche Doppelwirkung in Erwägung gezogen ist. Eine Speicherbatterie von 1600 Amp-st bei 10 stündiger Entladung ist vorgesehen. Angelassen werden die Maschinen mittels Preßluft, die durch je eine Druckpumpe für eine angesaugte Luftmenge von 10 und 26 cbm/st beschafft wird, um von der Speicherbatterie unabhängig zu sein und um diese nicht zu starken Stößen auszusetzen. Außerdem sind vorhanden: eine Zusatzmaschine zur Erhöhung der Spannung von 240 Volt auf 340 Volt bei dem Laden der Speicherbatterie, ferner Umformer zur Erzeugung hochgespannten Wechselstroms für entferntere Betriebe, drei Pumpen mit je 100 cbm/st Leistung, ein Laufkran von 9000 kg Tragfähigkeit für Handbetrieb. Einer der beiden Stromerzeuger, mit 250 PS Kraftverbrauch, reicht allein für den Werkstättenbetrieb aus, solange nicht frühmorgens und abends Strom zur Beleuchtung gebraucht wird. Ist dies jedoch der Fall, so muß die Batterie zeitweise den Überschuß an Stromverbrauch decken. Außerdem kann stundenweise die zweite Maschine zu Hilfe genommen werden. Die Gaserzeuger, für je 500 PS Leistung, können um 10÷15 v. H., die Maschinen um 10 v. H. überlastet werden. Nach dem Ausbau der Werkstätte von jetzt 50 auf später 100 Ausbesserungsstände, würde nach Schluß des Werkstattbetriebes ein einziger Gaserzeuger ausreichen, während alsdann tagsüber beide Gaserzeuger, namentlich abends, ziemlich günstig belastet sind. Während der Arbeitspausen ist der Luftzutritt zu dem zweiten Gaserzeuger abzusperren.

Der Entlüftung des Maschinenraumes ist besondere Sorgfalt zugewendet. In dem Grundmauerwerke der Maschinen sind zu diesem Zwecke Kanäle angeordnet, die mit dem unter dem Maschinenraume vorgesehenen Keller in Verbindung stehen. Der von dem Schwungrade erzeugte Luftzug treibt die Gase durch diese Kanäle hinaus in die freie Luft. Ferner sind die nach oben abgeleiteten Auspuffrohre mit gemauerten Schornsteinen umgeben, so daß der in dem ringförmigen Mantelraume durch die Erwärmung entstehende Zug aus dem Kellerraume und, mittels der neben den Auslaßventilen angeordneten Bodenöffnungen, aus dem Maschinenraume absaugt. Außerdem können die Saugleitungen der Preßluftpumpen auf den Maschinenraum geschaltet werden. In den Fenstern und Oberlichtern des Maschinenraumes sind die üblichen Lufklappen angeordnet.

Der Strom für Licht und für Kraft wird auf ein und dieselben Sammelschienen aufgeliefert und von dort weiter verteilt. Die mit den Gas- und

Kühlwasserleitungen, sowie mit den Preßluftleitungen für das Ingangsetzen der Maschinen gemeinsam in Kanälen verlegten elektrischen Zuleitungen von den Stromerzeugern zu den Sammelschienen sind blank belassen und nur durch Lacküberzug geschützt. Die Speicherbatterie besteht aus 132 Zellen, von denen 50 Stück abgeschaltet werden können. Die blanken Leitungen für die Zellenschalter sind mit säurebeständiger Lackierung versehen. Der Fußboden in dem Batterieraume ist mit säurefestem Trinidad-Asphalt belegt. Die Fensterscheiben des Raumes sind, zur Minderung der Verdunstung der Zellenfüllung durch die Sonnenwärme, geblendet. Im Winter wird der übrigens mittels oberer und unterer Wanddurchbrechungen gut gelüftete Raum durch Dampf geheitzt.

Lieferer der gesamten elektrischen Einrichtungen sind die Siemens-Schuckert-Werke.

Baukosten.

1. Maschinenhaus, Raum für den Elektrizitätsspeicher und für die Gaserzeuger, und Löschekeller, 820 qm bebaute Fläche . . . . 64 500 M.
2. 2 Gaserzeuger mit Zubehör . . . . 36 200 „
3. 2 einfach wirkende 250 PS-Viertakt-Gasmaschinen . . 92 500 „
4. 2 Stromerzeuger und elektrische Ausrüstung, ohne Elektrizitätsspeicher . . . . 42 660 „
5. Elektrizitätsspeicher . . . . 24 200 „
6. Laufkran . . . . 2 500 „
7. Heizanlage . . . . 2 500 „
8. Beleuchtungsanlage . . . . 800 „
9. Kleine innere Ausrüstung . . . . 2 000 „
10. Fracht und Anfuhr, 4,5 v. H. von 2÷9 . . . . . . 9 250 „
11. Bauleitung und Verwaltung, 5 v. H. von 1÷10 . . . 14 000 „
12. Unterhaltungskosten bis zur Übernahme durch den Betrieb, 1 v. H. von 1÷10 . . . . 2 800 „

Zusammen: 273 910 M.

Betriebskosten. Lediglich infolge der besseren Ausnutzung der Gaskraftmaschinen und der Stromerzeuger ist in Schneidemühl der Preis für 1 kW-st von 13,7 Pf. in 1908 auf 11,5 Pf. in 1909, 9,07 Pf. in 1910 und auf 7,7 Pf. für die Zeit vom 1. Nov. 1910 bis 31. Okt. 1911 gesunken. Der letztere Preis ist immer noch hoch. Die Schuld liegt daran, daß die baulichen Anlagen in dem vollen geplanten Umfange ausgeführt sind, die Maschinenanlagen dagegen nur etwa zur Hälfte. Es wäre sogar noch Raum vorhanden für 2 Gaskraftmaschinen von je 500 PS nebst Stromerzeugern. Ferner sind die 132 Zellen der von der Akkumulatorenfabrik A.-G. Berlin gelieferten Speicherbatterie gleich so groß ausgeführt, daß die Leistung lediglich durch Einstellung weiterer Bleiplatten von jetzt 1600 Amp-st auf 2176 Amp-st, bei 10 stündiger Entladung, und der Entladestrom von 396 auf 540 Amp erhöht werden könnte. Die Sauggaserzeuger würden besser ausgenutzt werden, wenn Tag- und Nachtbetrieb eingeführt wäre. In diesem Falle würden die Kosten für 1 kW-st, am Schaltbrett gemessen, bei einer Erzeugung von 2 500 000 PS-st = 1 840 000 kW-st, nach vollständigem Ausbau der Maschinen- und der Gaserzeugungsanlage, auf etwa 5 Pf. herabgehen.

An Lösche wurden durchschnittlich 2,5 kg auf 1 kW-st verbraucht.

Im einzelnen betrugen die Betriebskosten für die Zeit vom 1. Nov. 1910 bis 31. Okt. 1911:

1. Zinsen der gesamten Bausumme, 3,5 v. H. . . . 10 286,65 M.
2. Abschreibungen für die Gebäude, 3 v. H. . . . . 1 935,00 „
3.   „   „ „ Gaserzeuger, 7,5 v. H. . . 2 715,00 „
4.   „ . „ „ Gasmaschinen, die elektrischen Maschinen, den Laufkran, die Heiz- und Beleuchtungsanlage, 5 v. H. . . . . 7 148,00 „
5. Abschreibungen für die Speicherbatterie, 10 v. H. . 2 420,00 „
6.   „   der allgemeinen Kosten, 10÷12 v. H. der Bausumme . . . . 781,00 „
7. Verbrauch an Brennstoff 1 141,295 t Lösche; 3,0 M. für die t . . . . 3 423,89 „
     55,752 t Koks; 17,14 M. für die t . . . . 955,59 „
8. 35 469 cbm Kühlwasser; 0,04 M für 1 cbm . . . . 1 418,76 „
9. Gehälter und Löhne . . . . 5 476,00 „
10. Unterhaltung der Gebäude . . . . 191,00 „
11.   „   „ Stromerzeuger . . . . 406,80 „
12.   „   „ Gasmaschinen . . . . 478,04 „
13.   „   „ elektrischen Maschinen . . . . 154,00 „
14.   „   „ Speicherbatterie . . . . . . 289,60 „
15. Schmier- und Putzstoffe . . . . 1 256,00 „
16. Heizung und Beleuchtung . . . . 641,40 „
17. Grundsteuer . . . . 35,00 „

Insgesamt: 40 012,23 M.

In Jahresfrist wurden erzeugt 517 650 kW-st, 703 336 PS-st.

Demnach betrug der Preis für 1 kW-st am Schaltbrett 7,7 Pf., für 1 PS-st am Schaltbrett 5,7 Pf.

Seit der Verpachtung des Kraftwerkes an die Brandenburgischen Karbid- und Elektrizitätswerke A.-G. Berlin zahlen diese von dem Gesamtbetrage von rund 25 000 M. für Verzinsung und Tilgung einen Anteil von 9000 M. jährlich an Pacht. Ferner hat diese Gesellschaft die Beschaffungskosten für die Hochspannungs- und für die Umformeranlage übernommen, während die Eisenbahnverwaltung noch 12 875 M. für bauliche Umänderungen aufgewendet hat. Gleichstrom von 240 Volt Spannung wird mit 6 Pf. und Drehstrom von gleicher Spannung mit $5\,^{1}/_{2}$ Pf. für die Kilowattstunde bezahlt.

b) Kraftwerk in Eydtkuhnen. (Abb. 32/33.)

Die den Bahnhof und die Betriebswerkstätte in Eydtkuhnen mit Licht und Kraft versorgende Anlage umfaßt 2 Gaserzeuger für Feuerung mit Rauchkammerlösche, nebst Zubehör, von J. Pintsch (Berlin), 2 einfach wirkende Viertakt-Gasmaschinen der Gasmotorenfabrik Deutz, von je 135 PS Regelleistung bei 180 Umdr./min, 2 damit gekuppelte A.E.G.-Nebenschluß-Gleichstromerzeuger für 230 Volt Spannung und 422 Amp

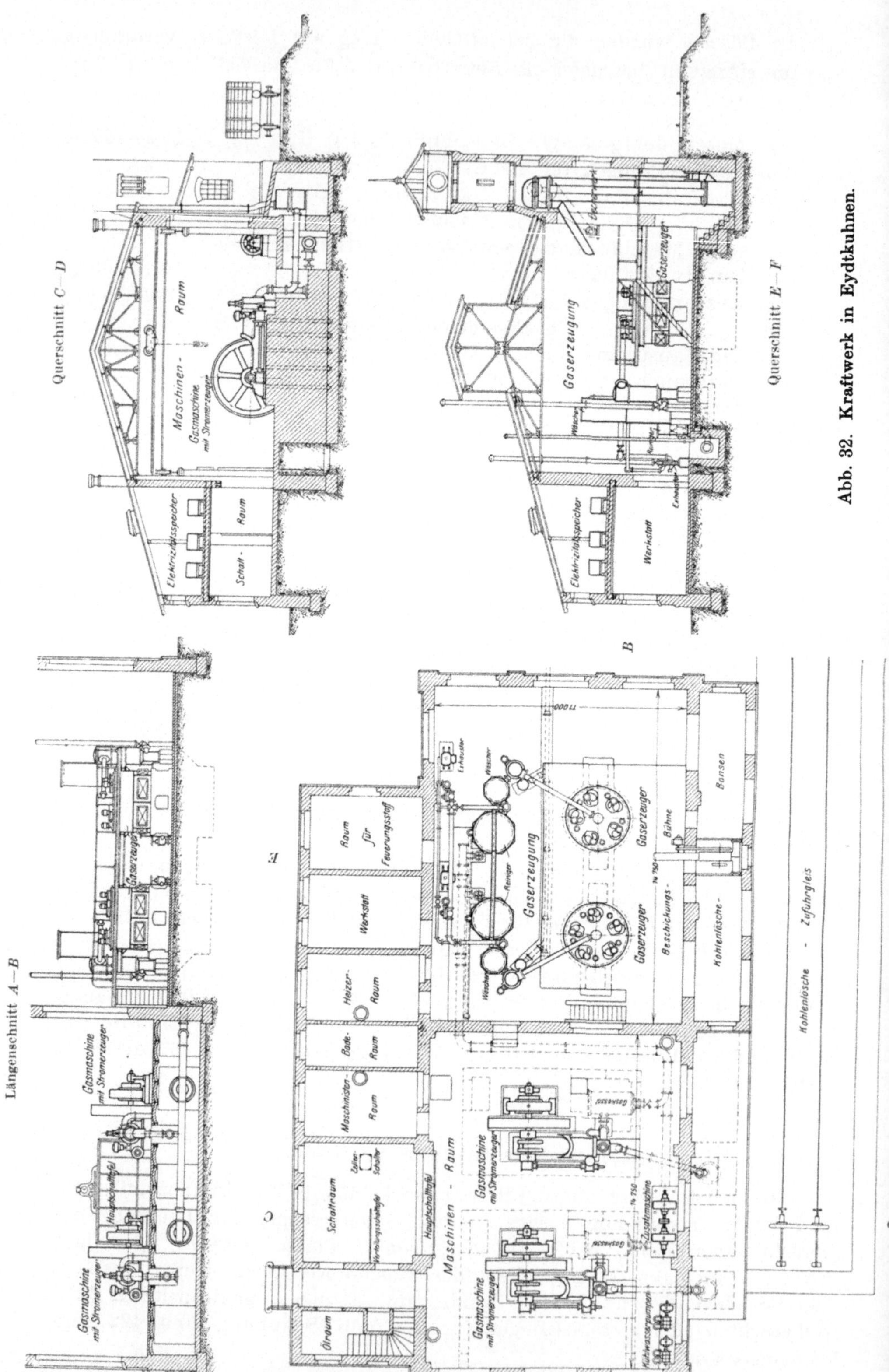

Abb. 32. Kraftwerk in Eydtkuhnen.

Stromstärke, entsprechend einer Regelleistung von 97 kW, bei einer wirklich ermittelten höchsten Dauerleistung von 105 kW, 1 Elektrizitätsspeicher mit 120 Zellen der Akkumulatorenfabrik A.-G. Berlin, von insgesamt 885 Amp-st Ladefähigkeit, bei einem Entladestrom von 320 Amp, und 6 von einem vorhandenen Speicher entnommenen Zellen von 39,3 Amp-st Leistung.

In Eydtkuhnen und in Allenstein (s. u.) erfolgt die Beschickung der Sauggaserzeuger übereinstimmend durch einen auf einer Hängeschiene

Abb. 33. Beschickungsbühne in Eydtkuhnen und Allenstein.

heranfahrbaren und im Kreise herum über die Füllöffnungen zu bringenden Trichter (Abb. 33).

Baukosten.

Grunderwerb	1 550 M.
Bauanlagen	70 000 „
Gaserzeuger mit Zubehör	32 600 „
Gasmaschinen mit Zubehör	40 000 „
Stromerzeuger und Schaltvorrichtungen	41 600 „
Speicher	15 921 „
Elektrische Antriebmaschinen	23 000 „
Lampen	15 000 „
Leitungen	40 500 „

Zusammen: 280 171 M.

Betriebskosten.

Brennstoff (Rauchkammerlösche), 609 t zu 1,80 M. . .   1 096,20 M.
Kühl- und Speisewasser, 13 723 cbm zu 0,15 M. . . .   2 058,45 „
Gehälter und Löhne für 1 Maschinist, $^1/_2$ Maschinen-
    wärter, 1 Heizer, $2^3/_4$ Hilfswärter . . . .   8 092,00 „
Unterhaltung der Gaserzeuger . . . .   58,00 „
   „   „ Gasmaschinen . . . .   402,00 „
   „   „ Stromerzeuger . . . .   95,00 „
   „   „ Speicher . . . .   290,00 „
Schmieren und Putzen . . . .   936,00 „
Heizung und Beleuchtung . . . .   649,00 „
Unterhaltung der elektrischen Antriebmaschinen . .   99,00 „
   „   „ Lampen und Leitungen . . . . . .   333,00 „
Ersatz der Bogenlichtkohlen und der Glühlampen . .   6 009,00 „
Löhne für die Bedienung der Lampen . . . .   1 723,00 „

                             Zusammen: 21 840,65 M.
Abschreibungen . . . .   14 082,10 „
Zinsen, 4 v. H. . . . .   11 206,84 „

                           Insgesamt: 47 129,59 M.

Erzeugt wurden im Jahre 1910 im ganzen 275 000 kW-st, mithin
kostete die verbrauchte kW-st einschl. Abschreibungen und Zinsen 17,1 Pf.
Für die gleiche Einheit, am Ausgange aus dem Kraftwerk gerechnet, ergibt
sich 11,6 Pf.

c) Kraftwerke in Königsberg, Insterburg und Allenstein[1]). (Abb. 34/37.)

Die Kraftwerke in Königsberg, Insterburg und Allenstein sind etwas
älter als das vorstehend beschriebene in Eydtkuhnen. Die bei diesen
früheren Anlagen gemachten Erfah-
rungen sind in Eydtkuhnen verwertet.
Die Einzelheiten der Anordnung sind
in der angegebenen Quelle nachzu-
lesen. Geschichtlich ist zu erwähnen,
daß der erste Löschegaserzeuger auf
Veranlassung von Geh. Baurat Lehmann durch das Werk Julius Pintsch
(Berlin) ausgeführt wurde. Auf Grund
der Ergebnisse dieser Anlage sind
dann im Jahre 1905 von demselben
Werke drei Löschegaserzeuger von
je 180 PS Leistung für die Kraftanlage der Hauptwerkstatt Königsberg und zwei gleichartige von je
90 PS Leistung für das Kraftwerk in
Insterburg geliefert worden. Im Jahre 1908 folgte das nach gleichen Grund-
sätzen gebaute Kraftwerk in Allenstein mit zwei Löschegaserzeugern von

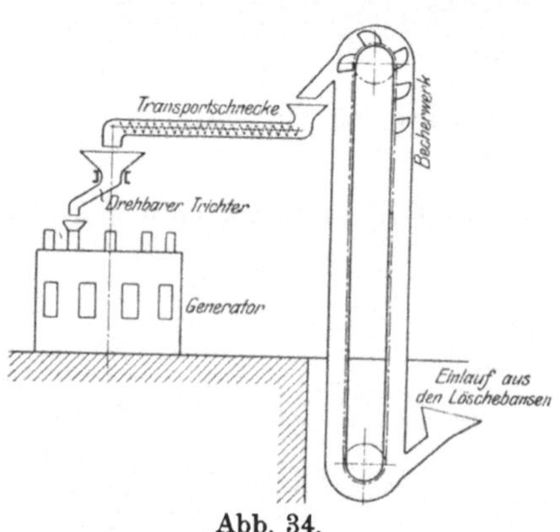

Abb. 34.
Beschickungsvorrichtung in Insterburg.

---

[1]) Glas. Annal. 1909, Bd. 64, S. 104.

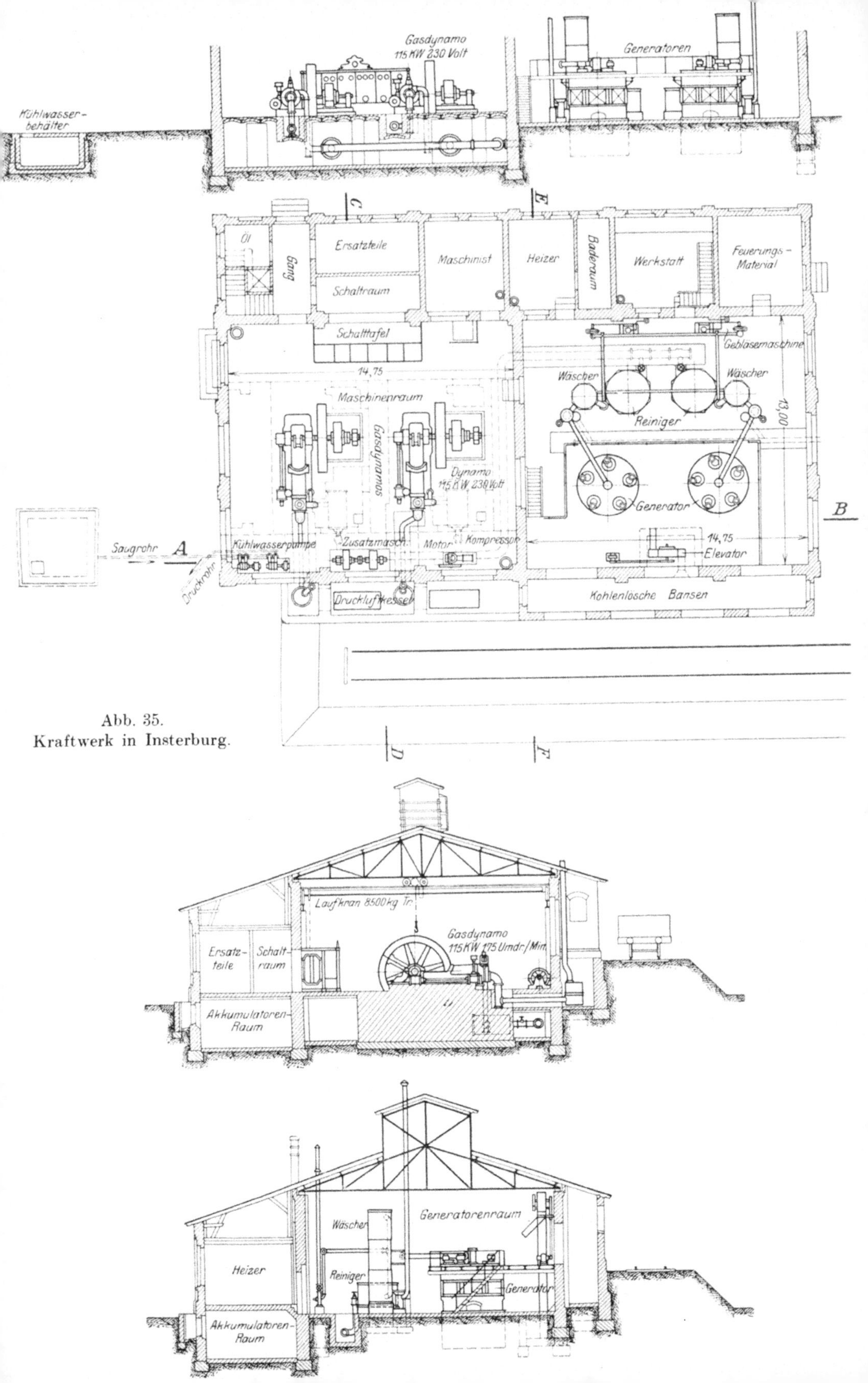

Abb. 35.
Kraftwerk in Insterburg.

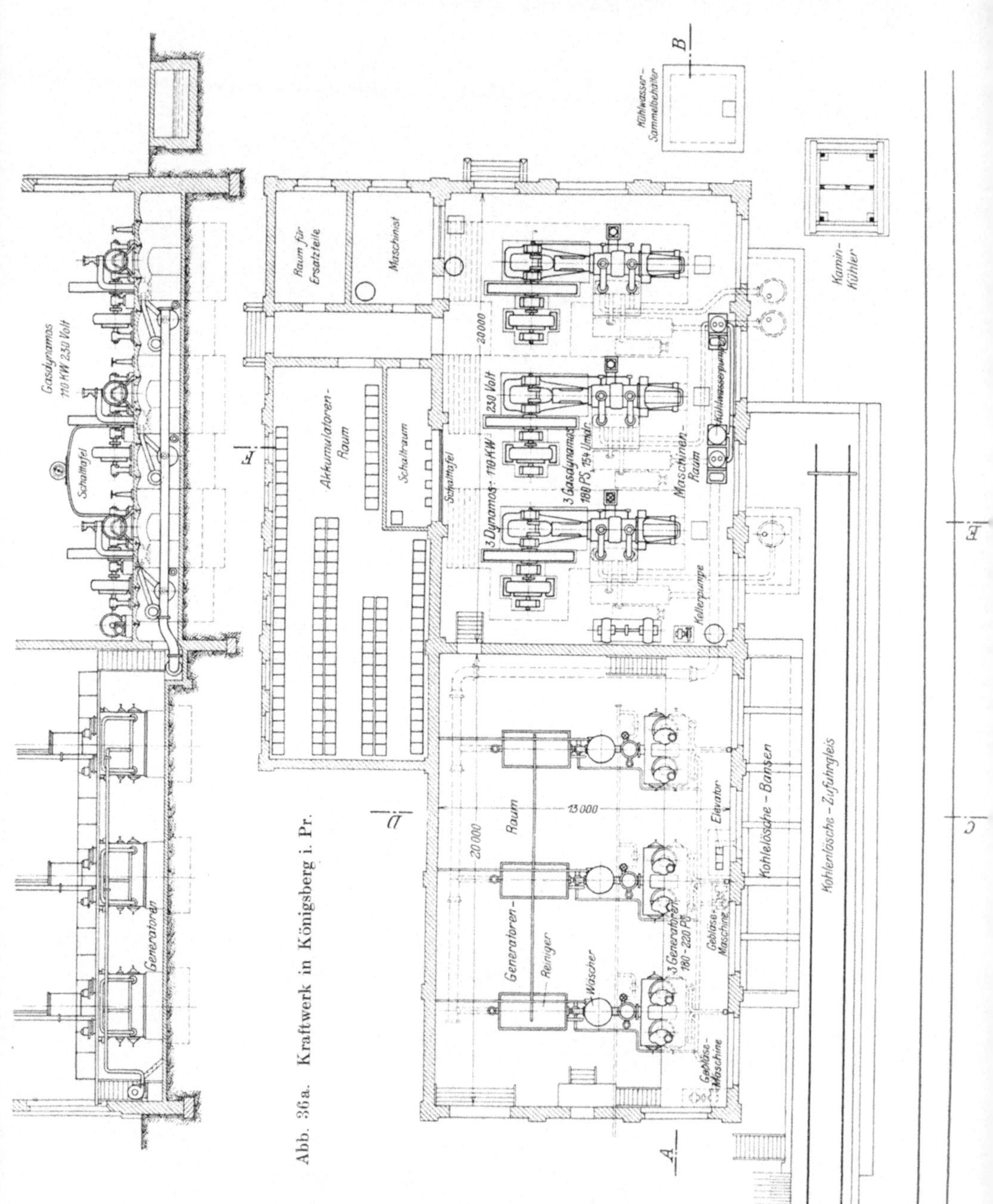

Abb. 36a.   Kraftwerk in Königsberg i. Pr.

je 160 PS Leistung, so daß die Eisenbahndirektion Königsberg im ganzen, einschließlich Bereitschaftanlagen, über Kraftwerke mit Löschevergasung von zusammen rund 1300 PS Höchstleistung verfügt. Die Leistungen der Gaserzeuger und der Gasmaschinen schwanken im übrigen, wie aus dem früher Gesagten hervorgeht, stark mit der Korngröße der Lösche, von welcher der Heizwert des gewonnenen Gases in hohem Grade abhängt.

Die sonst ähnlich wie in Eydtkuhnen und Allenstein angeordnete Beschickungsvorrichtung der Gaserzeuger ist in Insterburg noch dadurch verbessert, daß die Lösche auch in wagerechter Richtung durch eine

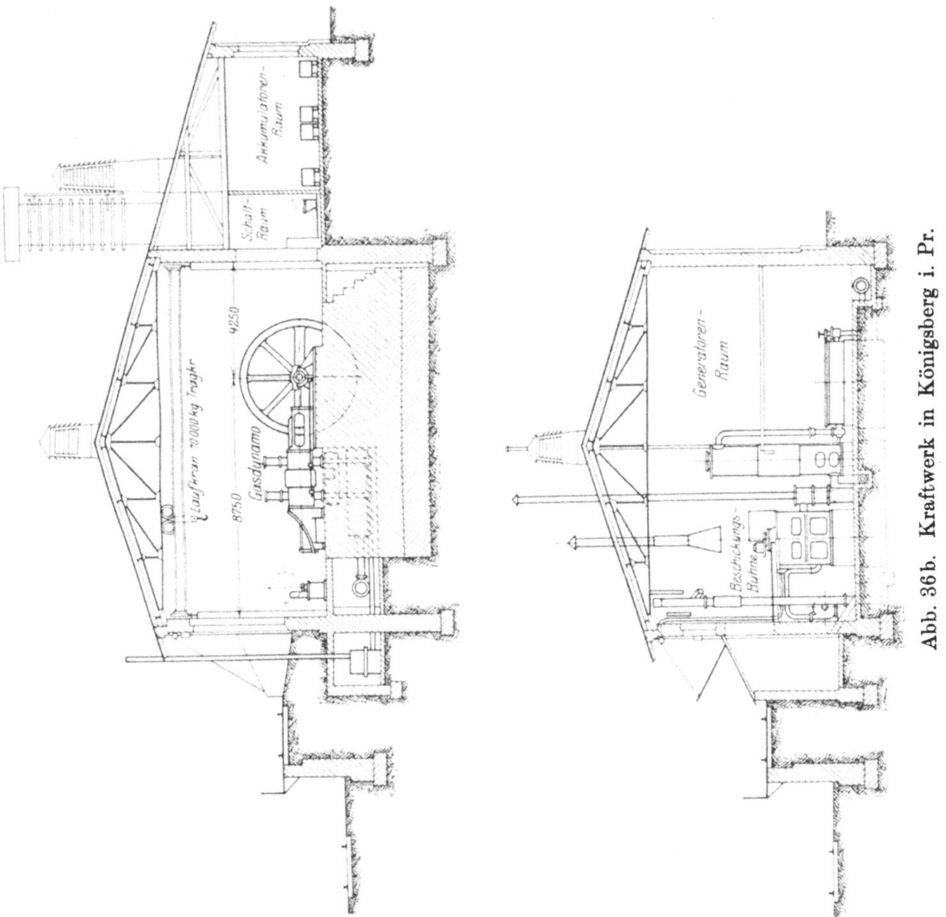

Abb. 36b. Kraftwerk in Königsberg i. Pr.

Schnecke selbsttätig befördert wird (Abb. 34), während in Eydtkuhnen und Allenstein, wie früher erwähnt, eine Hängeschiene angeordnet ist, auf der der gefüllte Aufgabetrichter von Hand herangefahren und dann mittels eines Rollgestelles im Kreise herum über die einzelnen Füllrümpfe geführt wird. Zur Erleichterung der Inbetriebsetzung der Gasmaschinen wird bei einfach wirkenden ein Ventil gehoben und dadurch die Zusammendrückung des Gemisches von Gas und Luft verhindert, während bei den doppelt wirkenden Maschinen des Kraftwerkes in Königsberg zu gleichem Zwecke an jedem Zylinderende ein Luftventil angeordnet ist.

Grundriß

Abb. 37. Kraftwerk in Allenstein.

Querschnitt *A—B—C—D*

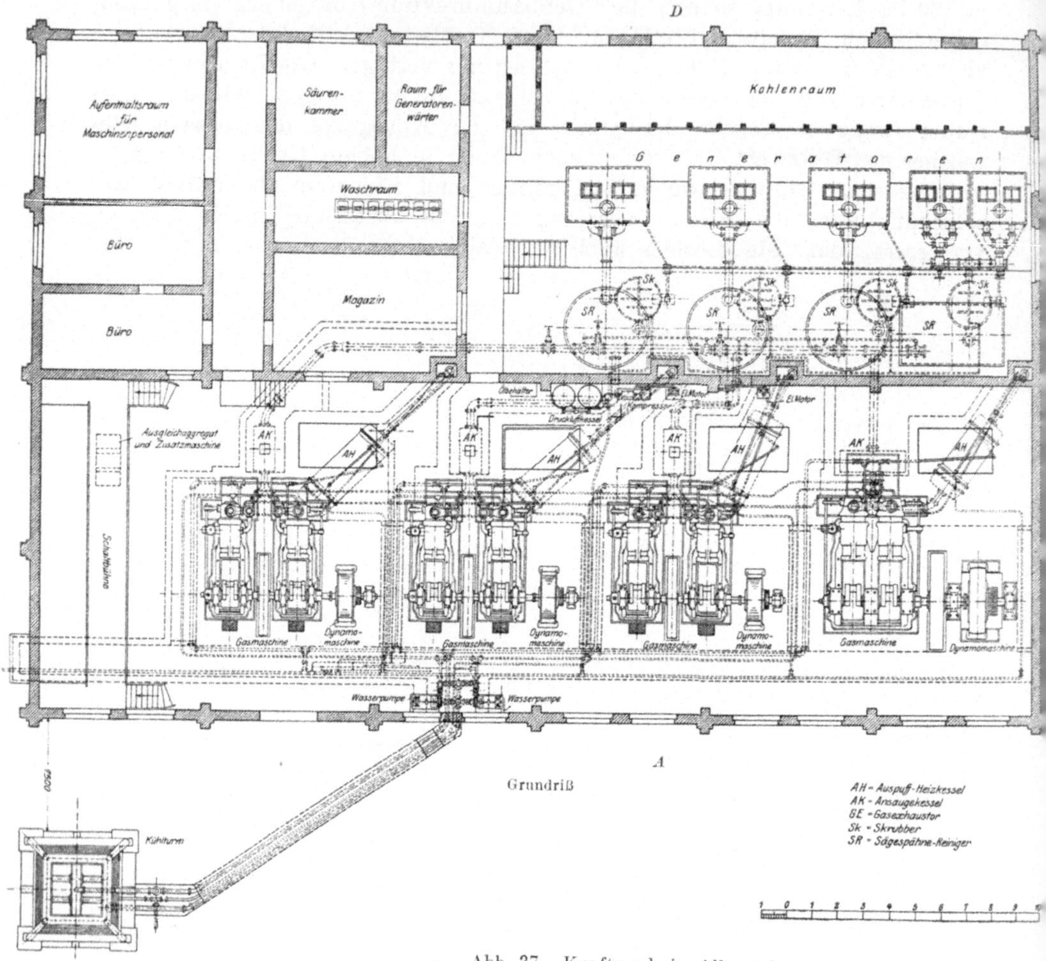

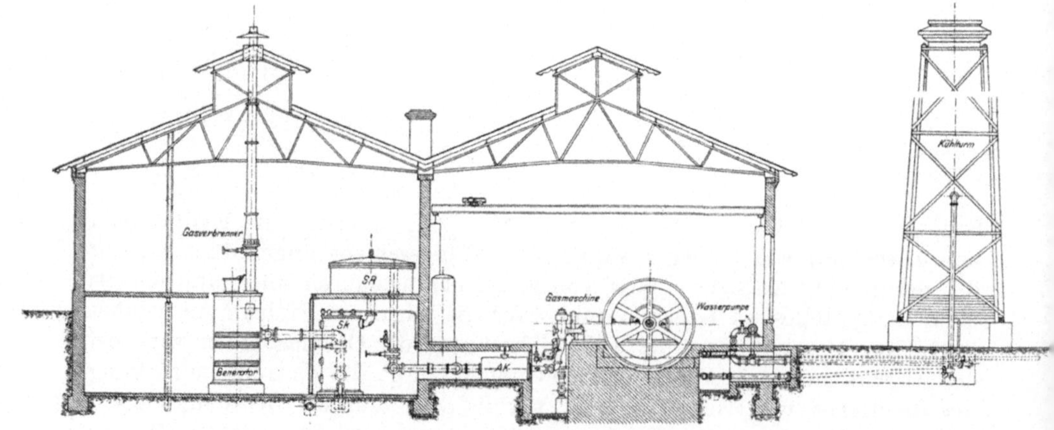

d) Kraftwerke in Wetzlar, Swinemünde und Kandrzin. (Abb. 38.)

Die noch ganz neuen Kraftwerke in Wetzlar und Kandrzin sind, ebenso wie das 1908 in Swinemünde erbaute Kraftwerk, nach dem Vorbilde der Anlagen in Eydtkuhnen und Königsberg eingerichtet. In Wetzlar sind 2 mit Rauchkammerlösche betriebene Sauggaserzeuger aufgestellt, von denen das Betriebsgas für 2 Gasmaschinen geliefert werden kann, die mit Gleichstromerzeugern für 230 Volt Spannung gekuppelt sind. Eine Sammlerbatterie ist vorgesehen. Betriebsergebnisse liegen hier noch nicht vor. Die beiden Gaskraftmaschinen des Kraftwerkes in Kandrzin haben bei 170 Umdr./min eine Dauerleistung von je 235 PS. Bei voller Belastung und bei einem Heizwerte des Gases von 1000 WE verbraucht jede Maschine 540 cbm/st Gas und 6,25 cbm/st Kühlwasser. Weitere Angaben liegen noch nicht vor. Die Anlage wird erst nach vollendetem Umbau des Bahnhofes ganz ausgenutzt.

Das Kraftwerk in Swinemünde dient der Beleuchtung der Bahnhöfe Swinemünde und Swinemünde-Bad und dem Betriebe der Wasserversorgungsanlage des erstgenannten Bahnhofes. Jeder der beiden für eine Leistung von je 50 Nutz-PS bemessenen Gaserzeuger ist imstande, das zum Betriebe der beiden Gasmaschinen zusammen erforderliche Sauggas zu liefern. Für 1 PS-st werden 1,8 kg Lösche verbraucht. Angeblasen werden die Gaserzeuger mittels eines von zwei Schleudergebläsen, deren jedes auf jeden der beiden Gaserzeuger geschaltet werden kann. Der zum Betriebe der Gaserzeuger erforderliche Dampf wird in Abwärmeverwertern gewonnen, die, mit einem Sicherheitsventile und mit einem offenen Standrohre für etwa 0,1 at Überdruck versehen, in die Auspuffleitung je einer Gasmaschine eingebaut sind. Die liegenden einzylindrigen Gasmaschinen mit Hartungschem Regler, von je 25 PS gewöhnlicher Dauerleistung, sind mit je einem Nebenschluß-Gleichstromerzeuger von 75 Amp $\times$ 220 Volt = 16,5 kW Leistung, bei 190 Umdr./min gekuppelt. Die höchste Leistung jeder Maschine beträgt 28,8 PS bei 190 Umdr./min und etwa 33 PS bei Erhöhung der Umdrehungszahl auf annähernd 220/min mittels einer entsprechenden Einrichtung des Reglers. Anlassen erfolgt durch Luftdruck. Zur Unterstützung der Maschinen bei Bedarf und zur Lieferung des Stromes in den Betriebspausen ist ein Speicher mit 120 Zellen vorgesehen, dessen Leistung 225 Amp-st bei dreistündiger Entladung mit einer Stromstärke von 75 Amp und 300 Amp-st bei Entladung innerhalb 10 Stunden mit einer Stromstärke von 30 Amp beträgt. Zum Laden des Speichers dient eine Zusatzmaschine mit Wendepolen, von 5 kW Dauerleistung, die mit einer Nebenschluß Gleichstrommaschine für 220 Volt gekuppelt ist. Die Spannung des von der Zusatzmaschine gelieferten Stromes läßt sich in den Grenzen von 10 bis 110 Volt regeln.

Lieferer sind: die Deutzer Gasmotorenfabrik für die Sauggasanlage, Gebr. Körting für die Gasmaschinen und die Hauptstromerzeuger, und die Akkumulatoren- und Elektrizitätswerke A.-G. vorm. W. A. Böse für den Speicher und die Zusatzmaschine.

Die Baukosten des Kraftwerkes in Swinemünde betrugen:

Für die Sauggasanlage nebst Rohrleitungen und betriebsfähiger Aufstellung	13 380 M.
Für die Maschinen	18 860 ,,
Für den Speicher nebst Zusatzmaschine	7 037 ,,
Zusammen:	39 277 M.

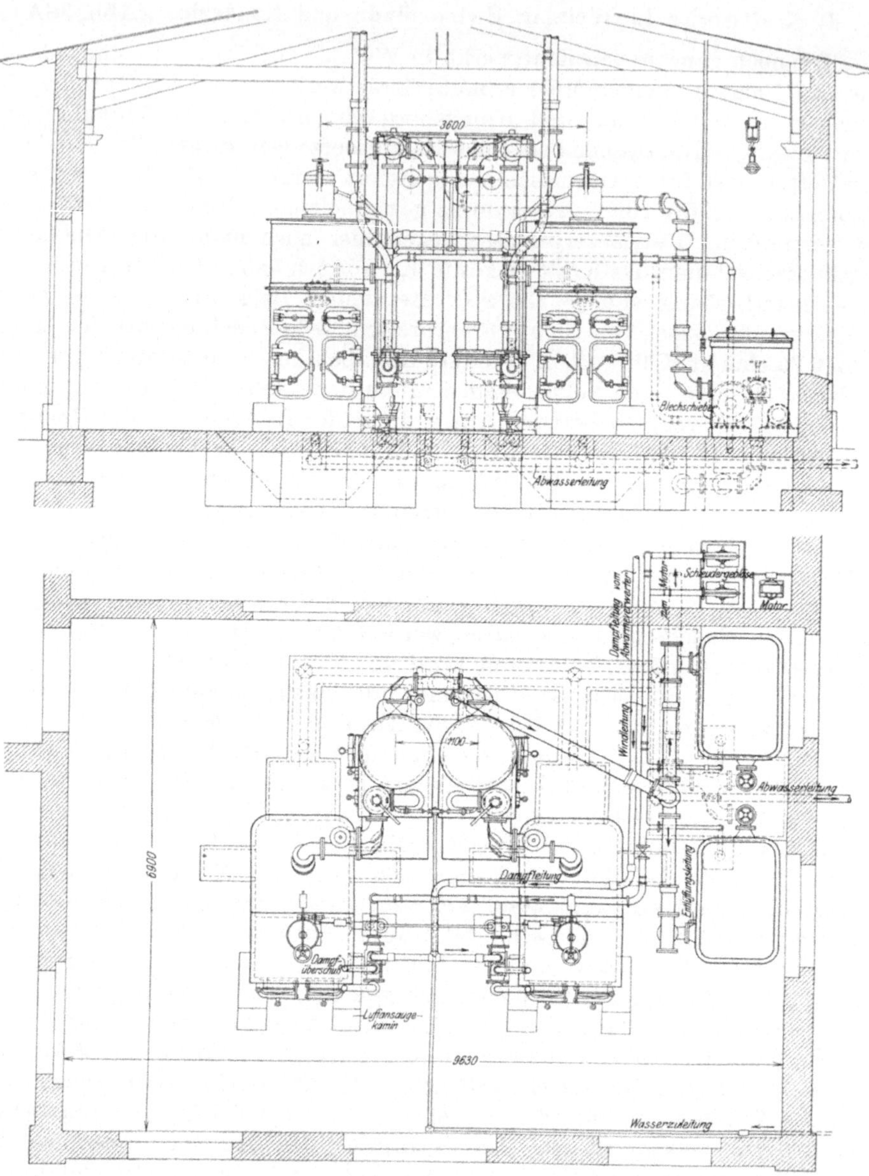

Abb. 38a. Kraftwerk in Swinemünde.

Im Rechnungsjahre 1910 sind im ganzen 51990 kW-st erzeugt worden. Die Kosten betrugen einschließlich Abschreibungen und Zinsen 16,4 Pf. für die erzeugte und 28,3 Pf. für die verbrauchte kW-st, während seitens des städtischen Elektrizitätswerkes ein Preis von 45 Pf. für die ersten 6000 kW-st und von 40 Pf. für jede weitere kW-st gefordert wurde. Die Gesamtkosten betrugen bei dem bahneigenen Werke 8526,36 M., während sie bei dem Bezuge des Stromes aus dem städtischen Werke 21 096 M. betragen hätten.

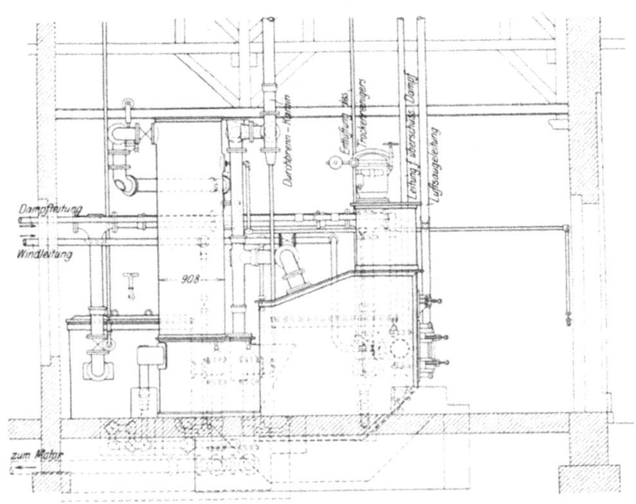

Abb. 38b. Kraftwerk in Swinemünde.

3. Betrieb mit Braunkohlenbriketts.

Kraftgasanlagen in Betzdorf, Cassel, Cochem, Delitzsch und Güsten.

(Abb. 39/41.)

In Betzdorf sind 3 Gasmaschinen von je 160 PS Leistung aufgestellt, die mit je einem Gleichstromerzeuger für 236 Volt Spannung gekuppelt sind und das Betriebsgas von insgesamt 3 mit Braunkohlenbriketts gefeuerten Sauggaserzeugern erhalten. Der Kraftspeicher besteht
aus 126 Zellen und kann bei dreistündiger Entladung einen Strom von
360 Amp liefern.

Das große, im Januar 1909 in Betrieb genommene Kraftwerk auf
dem Betriebsbahnhofe in Cassel (Bahndreieck) besitzt 4 liegende Körtingsche Zwillings-Viertakt-Gasmaschinen mit magnetelektrischer Zündung,
davon 3 von je 300, 1 von 500 Nutz-PS größter Dauerleistung bei
170 Umdr./min. Für jede Gasmaschine ist ein mit Briketts betriebener
Gaserzeuger von entsprechender Leistung vorgesehen, die Gasmaschinen
sind mit Gleichstrom-Nebenschlußmaschinen der Siemens-Schuckert-Werke
für eine Spannung von 470/490 Volt bei einer Stromstärke von 425/408
Amp gekuppelt. Eine Zusatz- und Ausgleichvorrichtung der Siemens-
Schuckert-Werke dient zum Laden des über der Maschinenanlage aufgestellten Kraftspeichers und zur Spannungsteilung während des Ladens.
Im übrigen erfolgt letztere durch Vermittlung des Kraftspeichers der
Hagener Akkumulatorenfabrik A.-G. in Hagen, der aus 268 Zellen besteht und bei 10stündiger Entladung eine Leistung von 2000 Amp-st mit
einer Stromstärke von 486 Amp besitzt. Die Zusatz- und Ausgleichvor-
richtungen bestehen aus je einer Gleichstrom-Nebenschlußmaschine für
225/240 Volt Spannung, 42/46 PS Leistung bei 910/990 Umdr./min, die
mit je einem Nebenschluß-Gleichstromerzeuger für 20/200 Volt Spannung,
400/123 Amp Stromstärke bei 970/1100 Umdr./min gekuppelt sind. Das
auf 40 bis 50° C erwärmte Kühlwasser der Gasmaschinen wird in einer

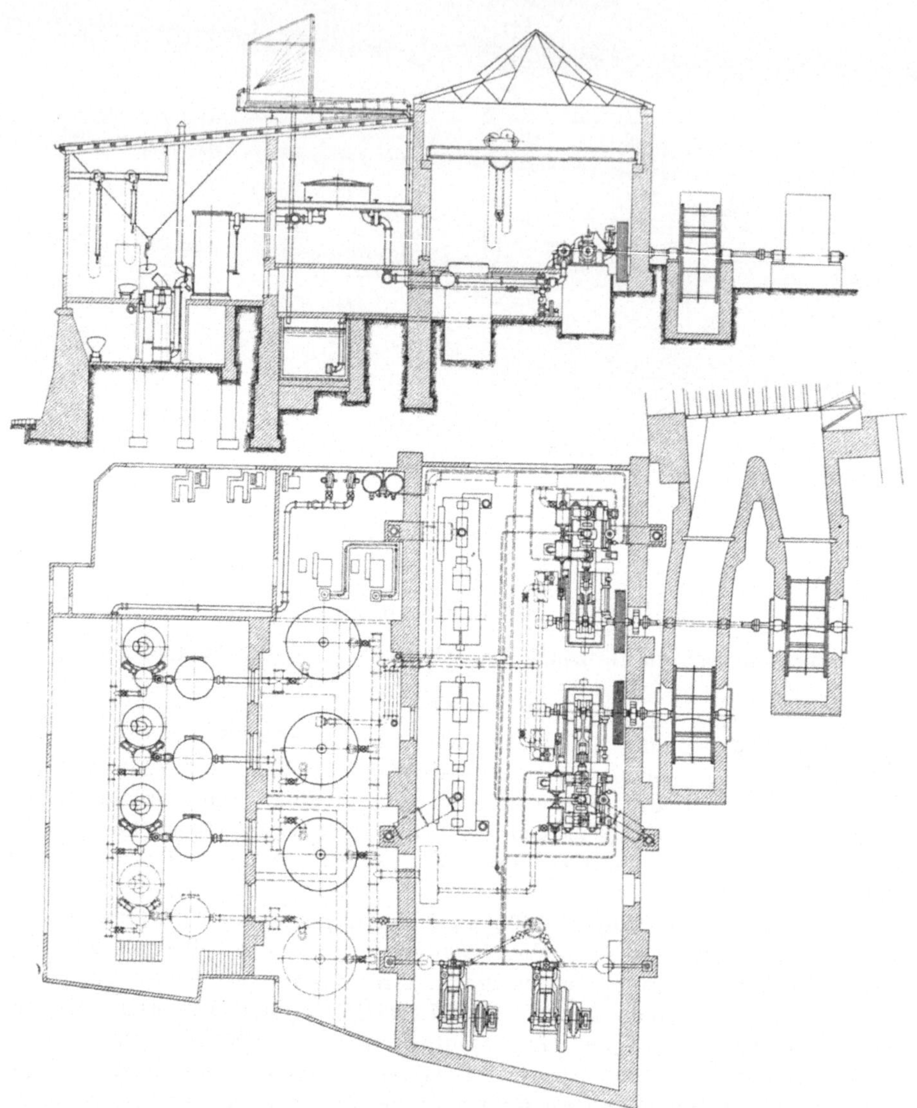

Abb. 39. Kraftwerk in Cochem.

für 900 bis 1100 PS bemessenen Anlage der Maschinenbau A.-G. Balcke in Bochum wieder betriebsfähig abgekühlt. Zwei Mitteldruck-Kreiselpumpen von je 12,5 PS Leistung saugen das Wasser aus dem Behälter des Kühlturmes an, drücken es durch die Zylindermäntel der Gasmaschinen und weiter durch Röhrenkessel, die durch die Auspuffgase der Maschinen geheizt sind. Hier wird das Wasser auf 80 ÷ 90° erwärmt und dient alsdann zum Betriebe einer Heizanlage, einer Bade- und Wascheinrichtung und zum Auswaschen der Lokomotivkessel. Das hierzu nicht erforderliche Wasser wird wieder auf den Kühlturm geschafft. Die mit einem Sicherheitsstandrohr versehenen Kessel dienen auch als Schalldämpfer für die Auspuffgase. Letztere werden noch zur Beförderung der Lüftung des

Maschinenhauses nutzbar gemacht, indem sie durch eine besondere Rohrleitung in das obere Ende des Schornsteins, nahe der Mündung desselben, eingeführt werden, so daß eine kräftige Saugwirkung erfolgt.

Die Betriebsergebnisse in 1910 waren folgende:

Erzeugte kW-st	Kosten für 1 kW-st		
	Stromerzeugung Pf.	Tilgung und Zinsen Pf.	zusammen Pf.
1 350 170	3,61	2,63	6,24

Die ebenfalls mit Braunkohlenbriketts bediente Sauggasanlage in Cochem liefert das Betriebsgas des Kraftwerkes für die Lüftung des Kaiser-Wilhelm-Tunnels[1]) und für die Beleuchtung und Kraftversorgung des Bahnhofes Cochem. Außer Braunkohlenbriketts wird in den übrigen Gaserzeugern auch Anthrazit und Saarkoks verfeuert. Während für den Betrieb der Schleudergebläse zur Lüftung des Tunnels liegende doppeltwirkende Körtingsche Zweitaktmaschinen verwendet sind, wird die Beleuchtungsanlage durch gewöhnliche Viertaktmaschinen betrieben, von denen eine in Bereitschaft bleibt. Ein auch als Puffer beim Anlassen der Maschinen mit voller Last dienender Kraftspeicher von 227 Amp-st

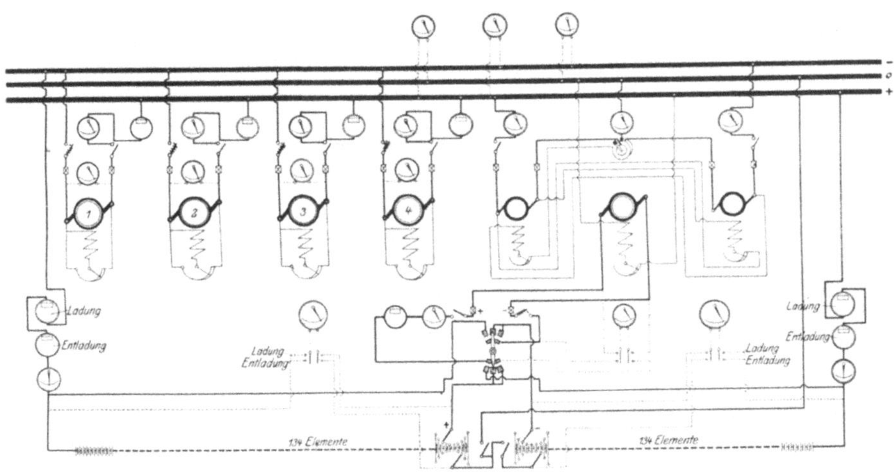

Abb. 40. Schaltplan in Cassel.

Leistung, mittels dessen die Innenbeleuchtung des Bahnhofes 10 Stunden lang aufrecht erhalten werden könnte, ist vorgesehen. Auf dem Dache des Maschinenhauses ist eine Körtingsche Rückkühlanlage mit Streudüse aufgebaut. Die Füllrümpfe der Gaserzeuger werden durch kleine Kippgefäße bedient, die auf einem Gleis herangefahren und mittels einer Hängebahn über die Rümpfe gebracht werden. Zur Heraufschaffung des Brennstoffes von dem auf der Höhe der Ofensohle aufgeschütteten Lager und zur Beförderung der Kippgefäße von der Gleisbahn auf die Hängebahn sind Hebezylinder angeordnet.

---

[1]) Vgl. Glas. Ann. 1906, Bd. 59, S. 61 wegen der Lüftungsanlage.

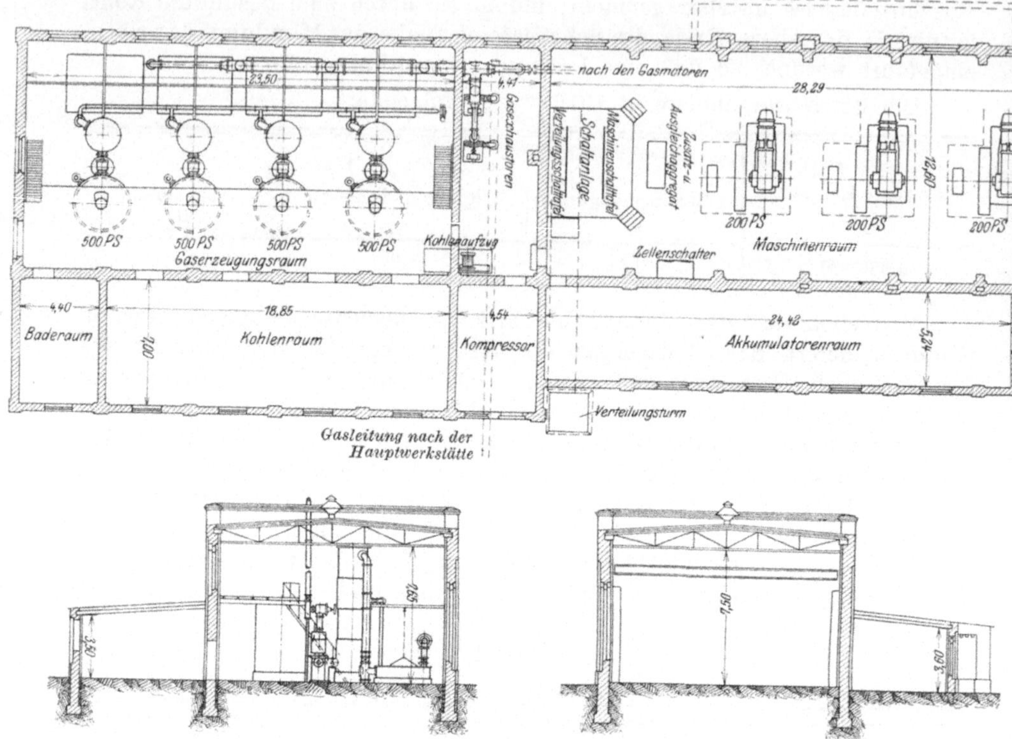

Abb. 41. Kraftwerk der Wagenwerkstatt in Delitzsch.

Die Betriebskosten der hier vor allem in Betracht kommenden Anlage zur Erzeugung des Beleuchtungsstromes setzen sich für 1910 zusammen wie folgt:

Brennstoff, 345,4 t zu 7,70 M.	2 659,60 M.
Kühlwasser, 12 045 cbm zu 0,02 M.	240,90 „
Löhne für 1 Maschinenwärter, 1 Hilfsmaschinenwärter	3 292,50 „
Unterhaltung der Gasmaschinen	30,33 „
„ „ Stromerzeuger mit Zubehör . .	104,10 „
„ „ elektrischen Antriebsmaschinen .	48,29 „
„ „ Lampen und Leitungen	149,97 „
Ersatz der Bogenlichtkohlen und der Glühlampen	2 364,05 „
Schmieren und Putzen	778,70 „
Lohn für 1 Lampenwärter	1 113,00 „
Zinsen und Abschreibungen	6 089,41 „

Zusammen 16 870,85 M.

Erzeugt wurden im ganzen 132 970 kW-st, mithin beträgt der Selbstkostenpreis für 1 kW-st einschließlich Verzinsung und Tilgung der Beschaffungssumme, aber ohne Anrechnung des Anteiles an dem schon vorhandenen Maschinenhause: 12,69 Pf. Werden hierzu 12 v. H. für Verwaltungskosten hinzugerechnet, so betragen die Selbstkosten insgesamt rund 14,5 Pf. für eine Kilowattstunde.

In der Wagenwerkstätte Delitzsch wird das erzeugte Sauggas zum Licht- und Kraftbetrieb und zur Heizung der Werkstatträume mittels einer Gasluftheizung[1]) verwendet. Die vier von der A.-G. J. Pintsch gelieferten, zum Teil mit Braunkohlebriketts bedienten und zu ebener Erde aufgestellten Gaserzeuger reichen für eine Leistung von je 500 PS aus, die bis zu einer Höchstleistung von 750 PS gesteigert werden kann. Die Regelleistung der drei mit Gleichstromerzeugern für 440 Volt Spannung gekuppelten Gasmaschinen beträgt nur je 200 PS. Der Überschuß an Gas wird zur Heizung der Werkstätte benutzt. Durch Schleudergebläse, die in einem besonderen Raume zwischen der Gaserzeugungsanlage und dem Maschinenraume aufgestellt sind, wird das Gas aus den Erzeugern durch die Reiniger hindurch abgesaugt und zu den Maschinen oder zu der Heizanlage befördert. Außer den üblichen Reinigern und einer Anblasevorrichtung zum ersten Anlassen der Gaserzeuger ist noch eine mittels Druckluft betriebene Einrichtung zum Absaugen der Teerdämpfe vorgesehen. Der Brennstoff wird auf die hochliegende Beschickungsbühne der Gaserzeuger mittels eines Aufzuges hinaufgeschafft. Die einzylindrigen Körtingschen Gasmaschinen arbeiten im Viertakt mit 150 Umdr./min, die Regelung erfolgt durch Drosselung des Gemisches von Gas und Luft. Der erzeugte elektrische Strom von 440 Volt Spannung wird durch eine Gruppe von Ausgleich- und Zusatzmaschinen der Siemens-Schuckert-Werke auf drei Leiter verteilt. Die gleiche Maschinengruppe dient zum Aufladen des neben dem langgestreckten Maschinenhause aufgestellten Kraftspeichers von 246 Zellen mit Doppelglasgefäßen, der bei dreistündiger Entladung bis zu 540 Amp-st leistet. Zur Vereinfachung der Leitungen und zur Verminderung der Zahl der Anschlüsse arbeiten die Einfachzellenschalter mit Hilfszellen.

Die Baukosten haben betragen:

Für Grunderwerb	1 845	M.
„ bauliche Anlagen	68 400	„
„ die Gaserzeugungsanlage	30 900	„
„ Gasmaschinen und Zubehör	112 900	„
„ Stromerzeuger „ „	41 255	„
„ den Kraftspeicher	28 884	„
„ Leitungen	3 660	„
Zusammen	287 844	M.

Die reinen Betriebskosten ohne Abschreibungen und Zinsen beliefen sich für 1910 auf 35 261,26 M., davon für Brennstoff:

292,6 t Anthrazit	7815,34	M.	
311,21 t Koks	6476,28	„	
9,08 t Kohlengrus	15,12	„	
199,60 t Braunkohlenbriketts . . .	709,22	„	15 015,96 M.
Kühlwasser, 24 756 cbm			2 475,60 M.
Gehälter und Löhne			12 162,00 „
Unterhaltung			834,00 „
Schmieren und Putzen			3 451,02 „
Heizung und Beleuchtung			1 322,68 „
Zusammen			35 261,26 M.

---

[1]) Glas. Ann. 1912, Bd. 70, S. 21 u. 41.

dazu Abschreibungen, 3 v. H. für Bauanlagen und Leitungen,
5 v. H. für Gaserzeuger und Maschinen, 10 v. H. für den
Kraftspeicher . . . . 14 303,00 M.
Zinsen 4 v. H. . . . . 11 514,00 „
Insgesamt 61 078,26 M.

Erzeugt wurden im ganzen 577 063 kW-st, mithin betrugen die Gesamtausgaben für 1 kW-st: 10,6 Pf. Wie aus obiger Zusammenstellung hervorgeht, macht die verfeuerte Braunkohle nur etwa ein Viertel des gesamten Brennstoffverbrauches aus.

Das Kraftwerk des Bahnhofes Güsten, dessen Gaserzeuger ebenfalls für Betrieb mit Braunkohlebriketts eingerichtet sind, arbeitet mit drei Gasmaschinen von je 100 PS, die mit Gleichstromerzeugern für 230 Volt gekuppelt sind. Der erzeugte Strom dient zur Beleuchtung und Kraftversorgung des Bahnhofes und zum Aufladen der Kraftspeicher von Triebwagen. Ein Elektrizitätsspeicher für das Kraftwerk und zwei Zusatzmaschinen für dessen Aufladen vervollständigen die Ausrüstung.

Erwähnt sei der seitens der Gesellschaft für Gasfeuerungstechnik m. b. H. an zwanzig Gaserzeugern des Wiener Gaswerkes und in Budapest angestellte Versuch, den Schachtmantel der Gaserzeuger als Dampfkessel auszubilden, um die Wärme vollkommen auszunützen und das Schachtmauerwerk zu kühlen. Der obere und der untere Teil dieses ringförmigen Kessels sind durch senkrechte kurze Rohre miteinander verbunden, zwischen denen das erzeugte Gas hindurch und dann innerhalb des den unteren Teil des Ringkessels umgebenden Mantels abzieht[1]).

Für minderwertige Brennstoffe, namentlich auch für solche mit sehr hohem Wasser- und Aschegehalt, wie jüngere Braunkohle, Lignit und Torf soll sich in Kasnau bei Pilsen der

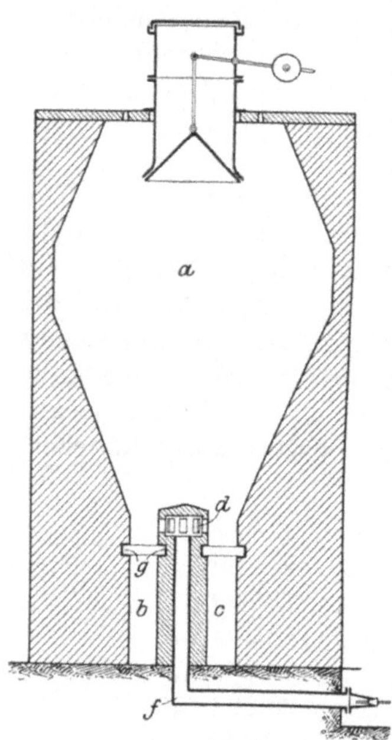

Abb. 42. Gaserzeuger von Heller.

besonders einfache Gaserzeuger von Fritz Heller (D. R. P. 217 768) bewährt haben[2]). Der Unterwind wird mittels einer ringförmigen Düse in das stark nach unten verjüngte Ende des Ofenschachtes eingeblasen, der mit gutem Schlackenabzug versehen ist.

Gaserzeuger für minderwertige Brennstoffe.

„Die Gasmotorentechnik" 1910 Nr. 5 bringt eine Zusammenstellung von solchen Gaserzeugern, unter denen der von Fritz Heller in Kasnau bei Pilsen (D. R. P. 217 768) durch große Einfachheit hervorragt. Er soll sich in mehrjährigem Betriebe auf einer Anzahl von Werken sehr gut bewährt haben, und zwar nicht nur bei der Verarbeitung von aschenreicher Stein- und Braunkohle, sondern auch von sehr feuchten Brennstoffen,

---

[1]) Dingl. Polytechn. Journ., 9. März 1912.
[2]) Die Gasmotorentechnik 1910, Nr. 5; Bayer. Ind. u. Gewerbebl. 1910, S. 528.

z. B. Lignit mit 40 v. H. Wasser und 20 v. H. Asche und von Torf mit 70 v. H. Wasser, sowie auch von stark bituminöser Braunkohle und backender Steinkohle.

Der Hellersche Gaserzeuger (Abb. 42) hat keinen Rost. Sein wesentliches Merkmal ist, daß die Ausströmdüsen des in der Mittelachse eingebauten Windkastens c an der stärksten Einschnürung des sich nach unten verjüngenden Vergaserschachtes a münden und daß dieser Schacht sich nach unten als hoher zylindrischer Aschensack b fortsetzt. Bei einfachster fester Bauart des Vergasers soll so ohne jede Kühlung eine so kräftige rasche und vollkommene Vergasung erzielt werden, daß eine Schlackenbildung ausgeschlossen ist. Soll der Aschensack entleert werden, so werden, wenn notwendig, Platten in Nuten g des Aschensackes und Windkastens eingeschoben, die den Brennstoff abfangen. (Genaueres hierüber ist nicht zu sehen.) Bei f wird der Wind eingeführt; oben sieht man den Füllschacht mit dem Absperrkegel. In Kasnau sollen seit fünf Jahren 40 derartige Erzeuger im Betriebe sein, ohne daß die geringste Ausbesserung nötig gewesen wäre.

Wegen anderweitiger mit Sauggasanlagen gemachten Erfahrungen s. S. 82/83.

E. Betrieb mit Dieselmaschinen.

Dieselmaschinen sind zum Betriebe bahneigener Kraftwerke seit kurzem in Benutzung und haben sich durchweg sowohl bezüglich der Zuverlässigkeit als der Wirtschaftlichkeit bewährt. Insbesondere sind sie infolge ihrer steten Dienstbereitschaft, in Größen bis zu 110 PS Leistung, mit Nutzen zum Laden der Kraftspeicher von Triebwagen in Verwendung. Die Erfahrungen entstammen jedoch erst kurzer Betriebszeit und beschränken sich auf einige wenige Fälle. Es sei deshalb eine Übersicht über die in anderen Kraftwerken bezüglich des Betriebes von Dieselmaschinen, im Vergleich zu Sauggas- und zu Dampfmaschinen gewonnenen Ergebnisse vorausgeschickt[1]).

Nach einem auf der Jahresversammlung des Internationalen Straßenbahn- und Kleinbahnvereins in Brüssel 1910 erstatteten Bericht, dem die Angaben von 21 verschiedenen Kleinbahnverwaltungen über die Ergebnisse von Sauggasanlagen und die von 5 Verwaltungen über die Erfahrungen mit Dieselmaschinen zugrunde liegen, stellt sich der Vergleich der Anlagekosten und der jährlichen Ausgaben wie in umstehender Zahlentafel angegeben[2]).

Bau- und Beschaffungs- kosten	Dieselmaschine Nutz-PS			Sauggasmaschine Nutz-PS			Dampfmaschine Nutz-PS		
	35	80	160	35	80	160	35	80	160
Grunderwerb, 8,40 M/qm	M. 200	300	420	440	580	820	600	800	1 120
Bauliche Anlagen . . .	„ 1 800	2 800	3 600	2 600	3 800	4 700	4 600	7 200	8 400
Grundmauerwerk, Einmauerung der Kessel	„ 200	400	700	300	560	800	1 200	1 600	2 000

[1]) Vgl. auch M. Gercke, Obering. d. Maschfb. Augsb.-Nürnb., D. neu. Entwickl. d. Dampfturb. u. d. Dieselmot. i. ihr. wirtsch. Bedeut. f. d. El.-Werke. „Technik u. Wirtsch." 1912, 8. Heft, S. 526—536, m. 6 schaubildl. Darstellungen.

[2]) ETZ 1911, Heft 3.

Bau- und Beschaffungskosten	Dieselmaschine Nutz-PS			Sauggasmaschine Nutz-PS			Dampfmaschine Nutz-PS		
	35	80	160	35	80	160	35	80	160
Maschinen, Leitungen, Behälter, Niederschlaganlage	„ 11 700	18 000	33 600	5 600	12 700	22 850	4 800	10 000	16 000
Dampfkessel u. Zubehör	„ —	—	—	4 000	5 200	7 600	5 800	7 000	12 000
Gesamte Anlagekosten .	„ 13 900	21 500	38 320	12 940	22 840	36 770	17 000	26 600	39 520
Anlagekosten auf 1 Nutz-PS	„ 396	613	1 092	370	652	1 048	485	760	1 128
Jährliche Ausgaben.									
Zinsen, 4 v. H.	„ 556	860	1 536	520	916	1 472	o80	1 064	1 584
Unterhaltung und Abschreibungen:									
Bauliche Anlagen, 5 v. H.	„ 90	140	180	130	180	235	230	440	420
Maschinen, 10 v. H. .	„ 1 700	1 800	3 360	560	1 268	2 280	480	1 000	1 600
Kessel, 12 v. H. . .	„ —	—	—	—	—	—	686	840	1 440
Gaserzeuger, Gasbehälter, 5 v. H. . .	„ —	—	—	200	260	380	—	—	—
Brennstoff	„ 944	1 960	3 720	1 800	4 100	6 880	2 600	5 200	8 800
Schmieren und Putzen .	„ 400	700	1 100	400	700	1 100	400	700	1 100
Löhne	„ 1 500	1 500	1 752	1 800	1 900	2 200	1 900	2 200	2 800
Zusammen	„ 4 660	6 960	11 648	5 410	9 324	14 547	6 976	11 444	17 744
Jahreskosten auf 1 Nutz-PS	„ 133	87	156	154	117	182	199	143	224
Kosten auf 1 PS-st . .	Pf. 4,92	3,24	2,66	5,76	4,32	3,32	1,8	5,24	4,08

Die untersuchten Dieselmaschinen besaßen Leistungen von 300 bis 400 PS, 3 bis 4 Zylinder und etwa 160 Umdr./min. Auf massiges und tiefgehendes Grundmauerwerk ist besonderer Wert zu legen. Als Brennstoff wird russisches, rumänisches oder amerikanisches rohes Steinöl, Masut oder Naphtha, mit einem Verhältnisgewicht von etwa 0,88 bei einer Wärme von 20^0 C, mit einem Heizwerte von 10000 bis 11000 WE und mit einem Entflammungspunkte von 72 bis 82^0 C benutzt. Der Preis frei Verwendungsstelle schwankt zwischen 4,8 und 10 M. für 100 kg. Der Brennstoffverbrauch belief sich bei regelrechtem Betriebe auf 225 bis 240 g/PS-st oder auf 300 bis 350 g/kW-st. Der Verbrauch an Schmieröl ist geringer als bei Gasmaschinen und wird zu 4 bis 7 g/kW-st angegeben. Der Kühlwasserbedarf ist ebenfalls erheblich geringer als bei Gasmaschinen und beträgt nur 10 bis 12 ltr/PS-st bei voller Belastung und bei einer Eintrittswärme des Kühlwassers von 10^0 C. Die Unterhaltungskosten stellen sich bei Dieselmaschinen von 300 PS Leistung auf höchstens 0,26 Pf./kW-st. Die Preise der Maschinen weichen in den verschiedenen Ländern, wegen der ungleichen Höhe der in Rechnung gestellten Zoll- und Patentgebühren, stark voneinander ab.

Als Vorzüge der Dieselmaschinen werden die geringen Betriebskosten, der bei verschiedener Belastung fast gleichbleibende und von der Umsicht der Bedienung unabhängige verhältnismäßige Brennstoffverbrauch, die stete Betriebsbereitschaft, die fast völlige Geruchlosigkeit der Auspuffgase und deren gute Ausnutzbarkeit für andere Zwecke anerkannt. Ebenso läßt sich das aus den Maschinen austretende Kühlwasser, das eine Wärme von 50 bis 70^0 C besitzt und in keiner Weise verunreinigt ist, zur Heizung oder zur Bereitung von Bade- oder Waschwasser verwenden.

Über Sauggasanlagen ist in demselben Berichte folgendes angegeben. Derartige Anlagen werden zum Betriebe von Kraftwerken für Bahnbetrieb oder Beleuchtung im allgemeinen nur dann verwandt, wenn der Brennstoffpreis durchschnittlich 24 M./t nicht übersteigt. In Deutschland werden mehrere Sauggasanlagen mit anthrazitartiger Kohle im Preise von 14 bis 25 M./t betrieben. Es wird nicht empfohlen, bei der Anlage zu sehr zu sparen, insbesondere die Reinigungsvorrichtungen zu knapp zu bemessen oder den Gasbehälter fortzulassen, namentlich wenn die Leistung 150 PS übersteigt. Mißerfolge bei Sauggasanlagen sind meist die Folge übertriebener Sparsamkeit bei der Bemessung der Gaserzeuger und der Wäscher, sowie der Fortlassung der Reiniger und der Gasbehälter.

Schlechte Erfahrungen sind in einigen Kraftwerken mit doppeltwirkenden Zweitaktmaschinen gemacht worden, vornehmlich wegen der gewählten Anordnung für die Kühlung der Kolbenstangen. Schwierig ist ferner oft die Dichthaltung der Stopfbüchsen. Als Kuppelung zwischen der Antriebmaschine und dem Stromerzeuger sind nachgiebige Verbindungen zu empfehlen. Die gebräuchlichen Umdrehungszahlen schwanken zwischen 140 und 180. Höhere Umdrehungszahlen sind nicht zu empfehlen. Einfachwirkende Viertaktmaschinen ergeben keine erheblichen Schwierigkeiten, wenn für richtige Zusammensetzung des Gases und für gute Reinerhaltung der Gaserzeuger und der Ausströmventile gesorgt wird. Guter Baugrund und festes und reichlich bemessenes Grundmauerwerk ist erforderlich, um Bodenerschütterungen zu vermeiden. In einzelnen Fällen ist das Grundmauerwerk der Gasmaschinen mit dem der Gebäude verbunden.

Gute Sauggasanlagen ergaben bei regelrechtem Betriebe einen durchschnittlichen Brennstoffverbrauch von 700 g/kW-st oder 545 g/PS-st, entsprechend 2,1 Pf./kW-st. Der Ölverbrauch ist erheblich höher als bei Dampfmaschinen und kann zu 3 bis 5,5 g/kW-st angenommen werden. Das Öl muß bis zu 250° C wärmebeständig sein. Das gebrauchte Öl kann nach erfolgter Reinigung zur Schmierung von Wagenachslagern verwandt werden. Der Kühlwasserverbrauch beträgt etwa 15 l/PS-st. Für Instandhaltung und Ausbesserung kann bei sachgemäß ausgeführten Anlagen für die Maschinen 0,8 und für den Gaserzeuger nebst Zubehör 0,4 Pf./kW-st angesetzt werden. Als Zeitraum für die Abschreibungen von Maschinen und Gaserzeugern sind 20 bis 25 Jahre anzunehmen. Die wichtigsten Ausbesserungsarbeiten, wie Erneuerung der Lagerschalen und der Ventile, Ausmauerung der Gaserzeuger und Auswechslung der Roste in den Reinigern, lassen sich meist ohne Betriebsstörung ausführen, wenn die Anlagen richtig bemessen und nicht zu stark angestrengt sind.

Die Beschaffungskosten, einschließl. Grunderwerb und bauliche Anlagen, schwanken von 400 bis zu 1600 M./kW. Die gesamten Baukosten sind für Anlagen mit Betrieb durch Sauggas um 10 bis 35 v. H. höher als für entsprechende Dampfanlagen. Die höheren Baukosten werden indessen durch die jährlichen Ersparnisse voll aufgewogen.

Das in obigen Angaben enthaltene günstige Urteil über Dieselmaschinen wird durch die bisher in eigenen Kraftwerken der preußisch-hessischen Staatseisenbahn gewonnenen Erfahrungen im wesentlichen bestätigt.

a) Kraftwerk in Haynau. (Abb. 43.)

In dem 1909 in Betrieb genommenen Kraftwerke des Bahnhofes Haynau (E.-D. Breslau) betrug der Verbrauch an Paraffinöl für die beiden selten voll belasteten Dieselmaschinen der Gasmotorenfabrik Deutz, von nur je 50 PS Regelleistung, durchschnittlich 274 g/PS-st, und 438 g auf die erzeugte und verbrauchte Kilowattstunde. Die Selbstkosten erreichten in der kleinen und noch nicht voll ausgenutzten Anlage die Höhe von rund 10 Pf. für die erzeugte Kilowattstunde, ohne den Betrag für Zinsen und Abschreibungen, und von 18,8 oder rund 19 Pf. mit diesem Werte.

Im einzelnen setzen sich für 1910 die Selbstkosten der Erzeugung des Stromes zusammen wie folgt:

Paraffinöl zu 8,94 M. für 100 kg einschl. Fracht .	2 508,57 M.
Kühlwasser	260,00 „
Lohn für 1 Maschinen- und 1 Hilfsmaschinenwärter	2 885,23 „
Unterhaltung der Maschinen	533,02 „
„ des Kraftspeichers	84,35 „
Schmieren und Putzen	163,16 „
Zusammen	6 434,33 M.
Zinsen, 4 v. H. von 68 467 M.	2 738,80 „
Abschreibungen, 3 v. H. für Bauanlagen, 5 v. H. für Maschinen und 10 v. H. für den Kraftspeicher .	3 020,00 „
Insgesamt	12 193,13 M.

Erzeugt wurden 1910 im ganzen rund 64 800 kW-st. Mithin beträgt der Selbstkostenpreis für 1 erzeugte Kilowattstunde: $\dfrac{6434,33}{64\,800} = 9,96$ oder rund 10 Pf. ohne Verzinsung und Tilgung und $\dfrac{12\,193,13}{64\,800} = 18,8$ oder rund 19 Pf. einschließlich Zinsen und Tilgung der Bausumme. Unter Einrechnung der Kosten der Anlagen für den Stromverbrauch betragen die Werte 12 und 23 Pf.

Die Bausumme betrug:

Für bauliche Anlagen	12 415,00 M.
„ 2 Dieselmaschinen von je 50 PS Regelleistung	37 436,00 „
„ 2 Gleichstromerzeuger und 1 Zusatzmaschine	10 585,40 „
„ Schaltvorrichtungen und Wattstundenzähler .	546,00 „
„ den Kraftspeicher von 126 Zellen	7 485,00 „
„ 16 Bogenlampen und 261 Glühlampen . . .	3 545,00 „
„ Leitungen und Masten	9 676,00 „
„ 3 elektrische Maschinen, zum Betriebe von 2 Kühlwasserpumpen und 1 Kreiselgebläse	1 090,00 „
Zusammen	82 778,40 M.

Die Bogenlampen sind Flammenbogenlampen von 6 bis 8 Amp Stromstärke. Unter den Glühlampen sind 199 Kohlefadenlampen von 10 bis 32 HK und 62 Metallfadenlampen von 24 bis 225 HK. Zwei elektrische Maschinen zum Antriebe von Gepäckaufzügen sind nicht mit eingerechnet.

Im einzelnen ist über die Anlage in Haynau noch folgendes zu erwähnen. Der Einblasedruck für die Dieselmaschinen soll nicht mehr als 45 und nicht weniger als 35 at betragen. Verwandt wird Paraffinöl des Verkaufssyndikates in Halle (Saale), das, in Kesselwagen bezogen, für 100 kg 7,50 M. ohne den Frachtzuschlag und 8,94 M. mit diesem kostet. Die Leistung der Dieselmaschinen läßt sich vorübergehend bis auf 60 PS steigern. Gewährleistet, und eingehalten, ist ein Brennstoffverbrauch von 205 g bei voller Belastung, 215 g bei $^3/_4$ Belastung und 250 g bei $^1/_2$ Belastung für 1 Nutz-PS, mit einer zulässigen Überschreitung von 10 v. H. Bei unvollkommener Verbrennung kann der Brennstoffverbrauch erheblich wachsen, außerdem wird alsdann das von den Auspuffgasen verursachte Geräusch erheblich vermehrt und die unverbrannten Gase verbreiten unangenehmen Geruch. Die Auspufftöpfe sind oberhalb des Daches eingebaut, die Auspuffgase werden ins Freie geleitet. Der Verbrauch an Kühlwasser beträgt etwa 15 ltr/Nutz-PS, bei einer Wärme von 10° C des einfließenden und etwa 70° C des ausfließenden Wassers.

Ein mit einer Schwimmervorrichtung versehener Brennstoffbehälter von rund 13 cbm Inhalt ist außerhalb des Kraftwerkes eingemauert; zwei kleinere Behälter von je 500 l Inhalt, die mittels einer Handpumpe aus dem Hauptbehälter aufgefüllt werden, sind innerhalb des Kraftwerkes etwas erhöht an der Wand befestigt. Durch elektrisch angetriebene Orvo-Kreiselpumpen wird das erwärmte Kühlwasser auf eine Rieselanlage mit oberirdischem Wasserumlauf geschafft und nach erfolgter Rückkühlung den im Werkstattsraume der Anlage aufgestellten Behältern von 2 cbm Inhalt zugeführt, von denen aus es den Kühlmänteln der Dieselmaschinen zufließt. Die Wasserverluste durch Verdunstung werden aus einem Schachtbrunnen ersetzt, der auch das gesamte erforderliche Wasser unter Ausschaltung der Rückkühlanlage liefern kann.

Mit den Dieselmaschinen sind Nebenschluß-Gleichstromerzeuger der Elektromotorenwerke Heidenau, G. m. b. H., gekuppelt, die bei 230 Umdr./min und 230 Volt Klemmenspannung eine Dauerleistung von rund 40 kW entwickeln. Einer der beiden Stromerzeuger ist so eingerichtet, daß unter Erhöhung der Umlaufzahl das Aufladen des Speichers durch diesen allein erfolgen kann. Für gewöhnlich dient indessen hierzu eine Gruppe von Zusatzmaschinen, die bei 1250 Umdr./min bis zu 9 kW mit einer regelbaren Klemmenspannung von 20 bis 110 Volt, ohne Änderung der Umdrehungszahl, leistet. Der von der Akkumulatorenfabrik A.-G. in Hagen gelieferte Kraftspeicher von 126 Zellen mit selbsttätig regelndem Schalter hat eine Leistung von 378 Amp-st bei dreistündiger Entladung.

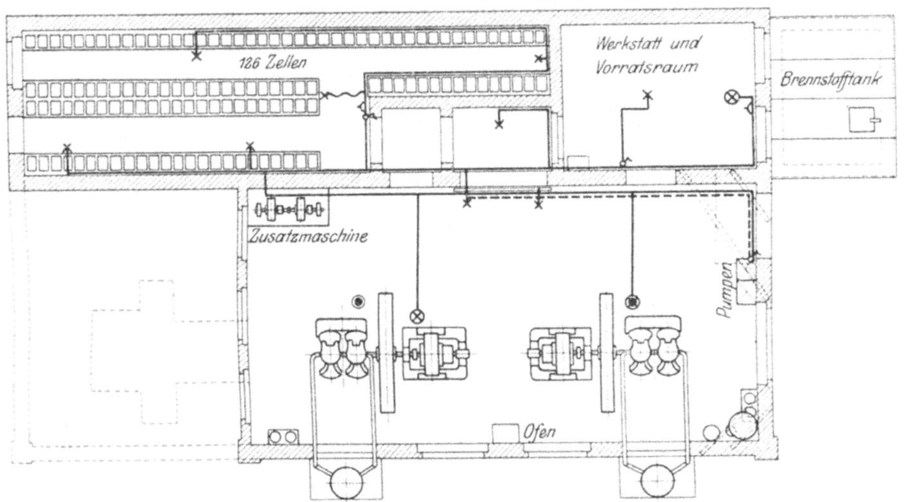

Abb. 43. Kraftwerk in Haynau.

Die elektrischen Antriebmaschinen der Kühlwasserpumpen von je 0,75 und 1,1 PS-Leistung, der Gepäckaufzüge von je 7,5 PS-Leistung, und des Schleudergebläses zur Lüftung des Kraftwerkes sind einzeln, die Glühlampen sämtlich nebeneinander und die Bogenlampen zu je vier hintereinander geschaltet. Letztere sind Flammenbogenlampen von Körting & Mathiesen, von 16 stündiger Brenndauer, und sind mit lichtstreuenden Innenglocken versehen. Die Entfernung von Niederschlägen in den Lampenglocken mittels verdünnter Salzsäure hat sich bewährt. Die Gleisbeleuchtung wird vom Kraftwerk ausgeschaltet, während für das Empfangsgebäude und den Güterschuppen Hilfsschalttafeln angeordnet sind. Kabel sind nur teilweise zu den Aufzugsleitungen, sowie zur Verbindung der Hauptschalttafel mit dem Verteilungsmast verwendet, im übrigen sind die Bahnhofsleitungen frei gespannt. Die durchschnittliche Brenndauer der zur Beleuchtung der Bahnsteige, der Tunnels, der Warte- und der Diensträume verwandten Metallfadenlampen von 24 bis 225 HK Lichtstärke betrug 1313 Brennstunden, einzelne derartige Lampen haben eine Brenndauer von mehr als 3500 Stunden erreicht.

Außer dieser Anlage mit Dieselmaschinen sind noch die entsprechenden neueren Anlagen für Beleuchtung und Kraftversorgung in Herbesthal, Linden-Fischerhof, Gerolstein und Jarotschin, sowie die Anlagen zum Aufladen der Kraftspeicher von Triebwagen in Mainz, Höchst, Hungen, Ülzen und Lüneburg zu erwähnen.

b) Kraftwerk in Herbesthal. (Abb. 44.)

In Herbesthal war aus einem fremden Kraftwerke Drehstrom von 220 Volt Spannung zu dem Preise von 8 Pf. für 1 kW-st angeboten. Für die bahneigene Anlage ergibt sich bei einer Jahresleistung von rund

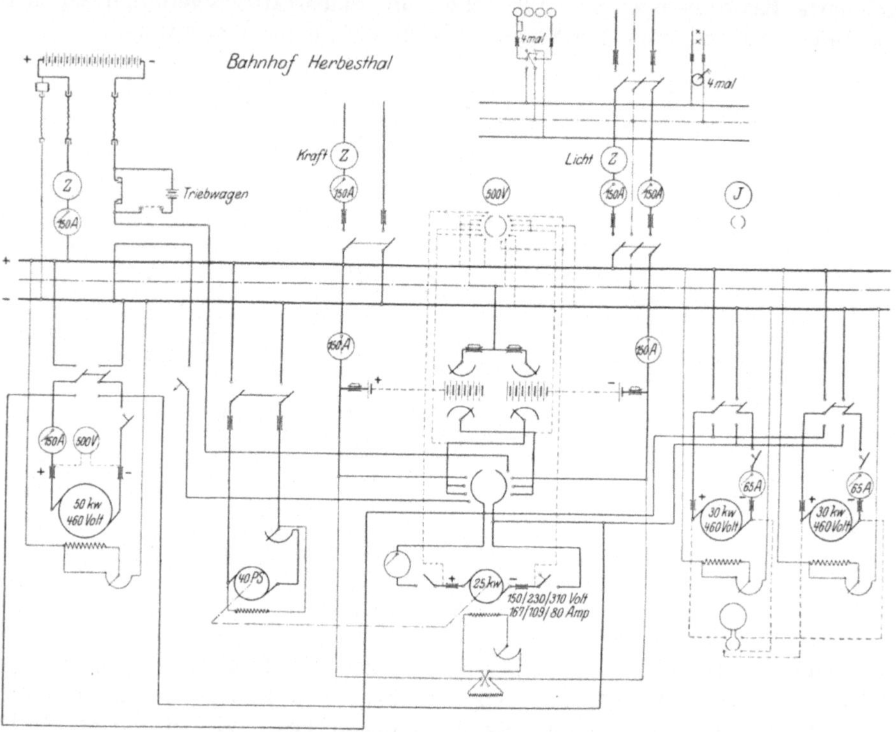

Abb. 44. Kraftwerk in Herbesthal, Schaltplan.

300 000 kW-st ein Selbstkostenpreis von 8,5 Pf./kW-st, einschließlich Verzinsung und Tilgung der Anlagekosten. Zugunsten des bahneigenen Kraftwerkes spricht schon die größere Lichtausbeute für den hier zu erzeugenden Gleichstrom gegenüber dem anderwärts zu beziehenden Drehstrom. Ferner sind für das eigene Werk die Kosten der Leitungen bei Erzeugung von Gleichstrom mit 2×230 Volt Spannung für Licht und 460 Volt für Kraft erheblich geringer als für 220 Volt Drehstrom, indem das Verhältnis der für gleichen Spannungsabfall erforderlichen Leitungsquerschnitte rund 1 : 2,5 wird. Das sehr lange oberirdische Hochspannungsnetz der fremden Zuleitung würde aber auch selbst bei doppelter Stromzuführung keine der Bedeutung des Grenzbahnhofes Herbesthal entsprechende Sicherheit für ununterbrochene Stromversorgung bieten, zumal ein Kraftspeicher bei Dreh-

strom nicht ohne weiteres in Bereitschaft zu halten wäre. Durch die Benutzung unterirdischer Kabel für die Stromzuleitung würde die Anlage erheblich verteuert. In Betracht kommt auch, daß die Einstellung von Triebwagen für den Nahverkehr in Aussicht stand, deren Kraftspeicher leichter und billiger unmittelbar durch den in dem eigenen Kraftwerke zu erzeugenden Gleichstrom zu laden sind. Aus diesen Gründen war das eigene Kraftwerk vorzuziehen.

Der Gleichstrom von 2×230 Volt Spannung wird durch einen Nebenschluß-Stromerzeuger mit Wendepolen, von 50 kW Dauerleistung bei 225 Umdr./min gewonnen, der mit einer Dieselmaschine von 70 PS Leistung gekuppelt ist. Zwei durch Leuchtgasmaschinen zu betreibende Gleichstromerzeuger von je 30 kW Leistung (vgl. S. 51) stehen in Bereitschaft. Eine dieser beiden Maschinen dient auch zum Spitzenausgleich bei starkem Stromverbrauche in den Abendstunden der Wintermonate. Die Spannungsteilung erfolgt mit Hilfe des Kraftspeichers von 2×125 Zellen und einer Leistung von 260 Amp-st bei zweistündiger Entladung. Die größte Entladestromstärke des Kraftspeichers ist 220 Amp. Die Ladung erfolgt mittels einer Zusatzmaschine von 25 kW Leistung für eine Klemmenspannung von 150—230—310 Volt. Die Einrichtung ist so getroffen, daß durch die Zusatzmaschine allein je eine Hälfte des Kraftspeichers für sich und die Zusatzzellen geladen werden können, während bei Hintereinanderschaltung der Zusatzmaschine mit dem Hauptstromerzeuger der ganze Kraftspeicher in einer Reihe zu laden ist. Einrichtung zum Laden der Kraftspeicher von Triebwagen ist vorgesehen. Die Dieselmaschine wird mit Steinkohlenteeröl betrieben. Angelassen wird sie mittels Druckluft oder, ebenso wie die beiden Leuchtgasmaschinen, von dem Kraftspeicher aus.

Folgende Schaltungen sind möglich (Abb. 44):

1. Der ganze Kraftspeicher wird in einer Reihe aufgeladen. Der Hauptstromerzeuger erhält Fremderregung und ist mit 460 Volt Spannung auf die Sammelschienen geschaltet. Die Zusatzmaschine liegt zwischen den Ladehebeln der beiden innenliegenden Zellenschalter.

2. Der halbe Kraftspeicher $+\,0$ wird geladen. Der Hauptstromerzeuger bleibt auf die Sammelschienen (und auf das Netz) geschaltet. Die auf 310 Volt erregte Zusatzmaschine ist durch den Vierfach-Umschalter mit der $+\,0$-Hälfte des Kraftspeichers nebeneinander geschaltet.

3. Der halbe Kraftspeicher $0\,-$ wird geladen. Die Zusatzmaschine wird mit der entsprechenden Hälfte des Kraftspeichers nebeneinander geschaltet.

4. Der Kraftspeicher eines Triebwagens wird aufgeladen. Die Ladespannung ist 310 bis 470 Volt. Um den Kraftspeicher ohne Vorschaltwiderstand und stoßfrei mit beliebig kleiner Stromstärke ausführen zu können, wird die Ladespannung mittels Gegen- und Hintereinanderschaltung der Zusatzmaschine durch einen Nebenschlußregler feinstufig in den Grenzen von 310 bis 470 Volt geregelt. Gegen- und Hintereinanderschaltung von Haupt- und Zusatzmaschine erfolgt bei unveränderter Stellung des Vierfachumschalters, durch Umpolen der Zusatzmaschine. Letztere erhält Fremderregung mit 460 Volt Spannung von den Sammelschienen aus.

Zum Anlassen der Antriebmaschinen bis zum Beginn der Zündungen genügt ein Teil des Stromes des Kraftspeichers.

Die Außenbeleuchtung des Bahnhofes Herbesthal erfolgt durch Flammenbogenlampen mit Doppelkohlen von 38-stündiger Brenndauer und 6 bis

12 Amp Stromstärke, mit lichtstreuenden (dioptrischen) Innengläsern. Die Lichtpunkthöhe der Gittermaste wechselt von 9 bis zu 14 m. Je vier Bogenlampen sind in einem Stromkreise von 220 Volt Spannung hintereinander geschaltet. Die Betriebswerkstätte und der Lokomotivschuppen werden mittels Metallfadenlampen beleuchtet, für die Warte- und Diensträume des Bahnhofgebäudes wird die vorhandene Gasbeleuchtung weiter benutzt. Die Kraftleitungen für die Stromversorgung von vier Gepäckaufzügen, zwei Drehscheiben und einer Pumpe sind von den Lichtleitungen getrennt.

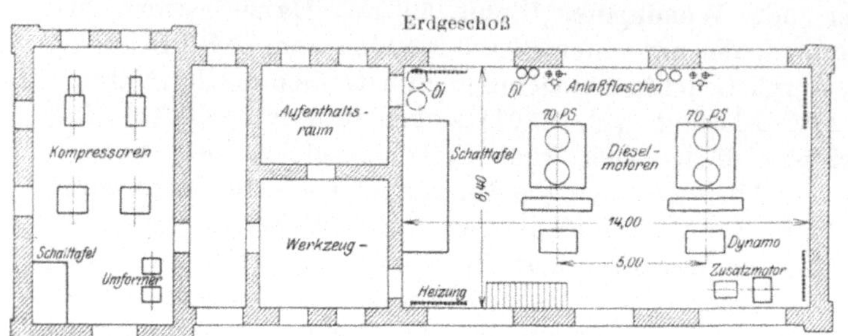

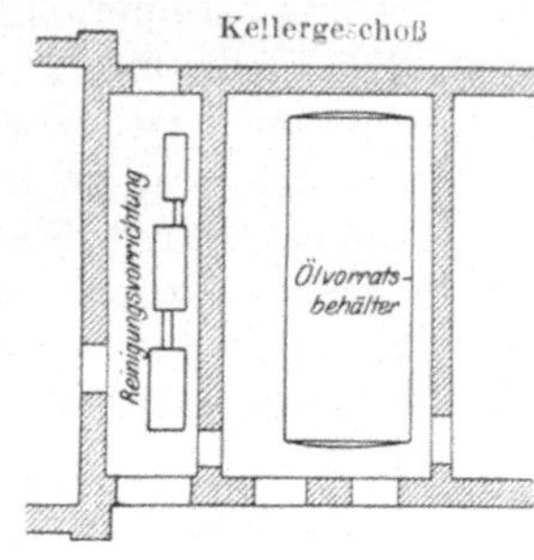

Abb. 45. Kraftwerk in Linden-Fischerhof.

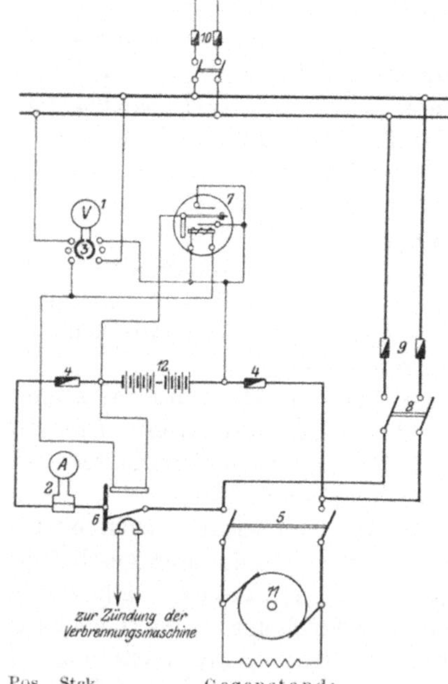

Pos.	Stck.	Gegenstand:
1	1	Spannungsmesser
2	1	Strommesser
3	1	zweipol. Umschalter f. d. Spannungsmesser
4	2	einpol. Stöpselsicherungen m. Stöpseln
5	1	zweipol. Überschalter
6	1	selbsttätiger Auslöser mit Spannungswickelung u. Hilfsanschluß
7	1	Anschluß-Spannungsmesser mit Anschluß f. Höchst- u. Mindestspannung
8	1	zweipol. Momenthebelschalter
9	2	einpol. Stöpselsicherungen m. Stöpseln
10	2	desgleichen
11	1	Stromerzeuger
12	1	Kraftspeicher

Abb. 46. Schaltplan in Linden-Fischerhof.

c) Kraftwerk in Linden-Fischerhof.
(Abb. 45/46.)

Auf dem Bahnhofe Linden-Fischerhof sind zwei von der Maschinenfabrik Augsburg-Nürnberg A.-G. gelieferte Dieselmaschinen von je 70 Nutz-PS Leistung bei 190 Umdr./min aufgestellt (Abb. 45), die mit Nebenschluß-Gleichstromerzeugern der Siemens-Schuckert-Werke von 48 kW Dauerleistung bei einer Klemmenspannung von 220 Volt und einer Stromstärke von 218 Amp gekuppelt sind. Anlassen erfolgt durch Druckluft, die in Stahlflaschen aufgespeichert wird. Mit dem Kraftwerke ist eine Anlage zur Erzeugung von Druckluft und ein elektrischer Kraftspeicher verbunden. Abgesehen von diesem Teile der ganzen Anlage haben die Baukosten der Stromerzeugungsanlage betragen:

Bauliche Anlagen . . .	36 700 M.
Dieselmaschinen nebst Zubehör	57 500 „
Elektrische Maschinen und Schaltvorrichtungen	16 800 „
Kraftspeicher	6 940 „
zusammen	117 940 M.

Die jährlichen Ausgaben betrugen im Rechnungsjahre 1910:

für Betriebsöl, 51100 kg, zu 7,50 M. für 100 kg . . .   3 832,50 M.
für Kühlwasser, 3870 cbm zu 0,20 M. für 1 cbm . . .   774,00 „
Löhne für 1 Maschinist, 1 Maschinenwärter, 1 Hilfs-
    maschinenwärter und 1 Ablöser . . . .   6 464,00 „
Unterhaltungskosten der Gasmaschinen . . . .   120,00 „
    „   „ Stromerzeuger mit Zubehör .   270,00 „
    „   des Kraftspeichers . . . .   120,00 „
Schmieren und Putzen . . . .   610,00 „
Heizen und Beleuchten . . . .   210,00 „

zusammen 12 400,50 M.

Hierzu kommen:

Zinsen, 4 v. H. von 117 940 M. . . . .   4 717,60 M.
Abschreibungen, 3 v. H. für Gebäude, 5 v. H. für Ma-
    schinen, 10 v. H. für den Kraftspeicher . . . . . .   5 510,00 „

mithin insgesamt einschl. Zinsen und Tilgung 22 628,10 M.

Erzeugt wurden im ganzen 129 720 kW-st, mithin betrugen die Selbst-
kosten für 1 kW-st: $\dfrac{12\,400 \cdot 100}{129\,720} = 9,6$ Pf. ausschließlich, und $\dfrac{22\,628 \cdot 100}{129\,720}$
$= 17,5$ Pf. einschließlich Zinsen und Tilgung der Bau- und Beschaffungs-
kosten.

d) Kraftwerk in Gerolstein. (Abb. 47.)

Für das mit zwei Dieselmaschinen von je 35 PS betriebene Kraftwerk
in Gerolstein ist die gesamte Bausumme auf 70 000 M. veranschlagt,
während die Selbstkosten für eine kW-st, einschließlich Verzinsung und Abschreibungen, zunächst bei einer jährlichen Leistung von nur etwa 36 250 kW-st, zu rund 34 Pf./kW-st berechnet sind.

e) Kraftwerk in Jarotschin.

In Jarotschin haben die Beschaffungskosten für zwei mit Gasöl betriebene Dieselmaschinen, stehende Zwillingmaschinen der

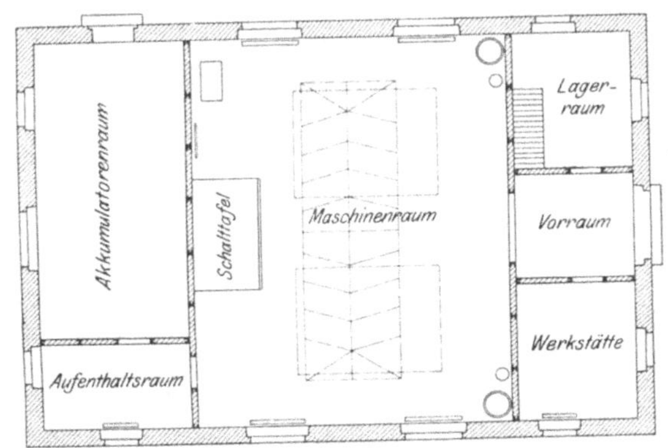

Abb. 47. Kraftwerk in Gerolstein.

Gasmotorenfabrik Deutz, von je 80 Nutz-PS Leistung bei 180 Umdr./min,
ohne Stromerzeuger, aber einschließlich Aufstellung und Lieferung aller
Zubehörteile, sowie Durchführung eines 14-tägigen Probebetriebes, zusammen 40 060 M. betragen. Anstände haben sich nicht ergeben, genaue
Betriebsergebnisse liegen noch nicht vor.

f) Kraftwerke in Mainz, Ülzen, Lüneburg, Höchst und Hungen. (Abb. 48).

Auf dem Bahnhofe Mainz wird eine Dieselmaschine von 100 PS Leistung zum Aufladen der Kraftspeicher von Triebwagen benutzt. In den Kraftgasanlagen in Ülzen und Lüneburg sind zu gleichem Zwecke Dieselmaschinen in Benutzung, ebenso in Höchst und Hungen. In den beiden letzteren Anlagen sind noch kleine Kraftspeicher von je 8 Zellen und 200 Amp Stromstärke bei dreistündiger Entladung, zur Bedienung einer Beleuchtungsanlage mit niedriger Spannung vorgesehen. Die Dieselmaschinen

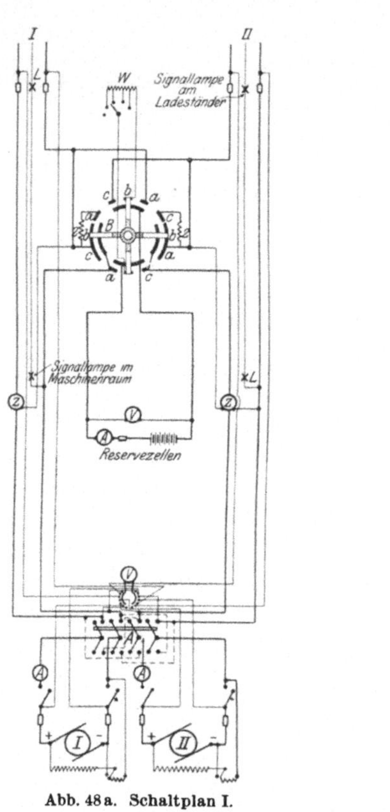

Abb. 48a. Schaltplan I.

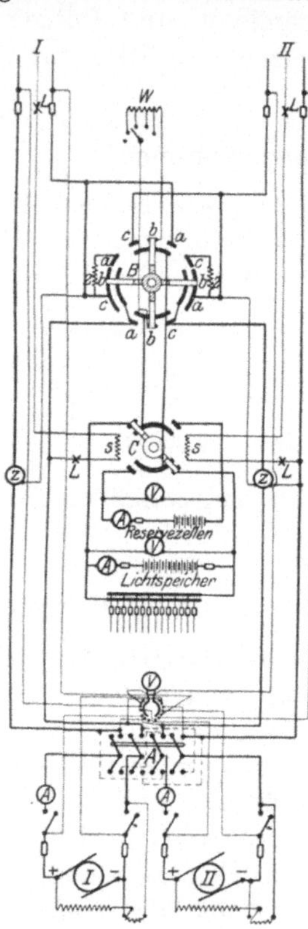

Abb. 48b. Schaltplan II.

Abb. 48a u. Abb. 48b. Schaltplan von Triebwagenladestationen.

haben eine Leistung von je 110 PS und sind mit Gleichstromerzeugern für 350 bis 485 Volt Spannung gekuppelt.

Die Schaltung der Anlagen in Höchst und Hungen weicht etwas von dem sonst wohl Üblichen ab. Der Schaltplan II (Abb. 48b) zeigt die Schaltung unter Einbeziehung einer kleinen Beleuchtungsanlage, Schaltplan I (Abb. 48a) ohne eine solche. In beiden Fällen ist der Schaltplan für 2 Maschinen und für 2 Ladestellen eingerichtet. Mittels des vierpoligen Umschalters A kann jede der beiden Lademaschinen mit jedem der beiden Ladeanschlüsse verbunden werden, eine gleichzeitige Verbindung von zwei Maschinen mit einer Ladestelle, oder von zwei Ladestellen mit einer Maschine, ist durch die Bauart des Schalters ausgeschlossen. Der Schalter B vermittelt die Verbindung mit dem aufzuladenden Kraftspeicher

der Triebwagen. Es sind damit folgende Schaltungen herzustellen: Wenn
der Schalter A nach oben liegt, kann 1. die Maschine I so mit der Ladestelle I verbunden werden, daß die öfter mitzuladenden Bereitschaftszellen
in Reihe mit zwischengeschaltet sind, während gleichzeitig die Maschine II
unmittelbar mit der Ladestelle II verbunden ist; 2. kann Maschine I unmittelbar mit der Ladestelle I und Maschine II unmittelbar mit der Ladestelle II verbunden werden. Etwa zu Hilfe zu nehmende Bereitschaftszellen sind alsdann zwangläufig auf den Entladewiderstand W geschaltet;
3. kann Maschine II unter Zwischenschaltung der aufzuladenden Bereitschaftszellen in Reihe, mit der Ladestelle II verbunden werden, während
gleichzeitig Maschine I unmittelbar mit der Ladestelle I verbunden ist.
Liegt der vierpolige Schalter A nach unten, so lassen sich gleichartige
Schaltungen vollziehen, nur ist alsdann Maschine I stets mit Maschine II
vertauscht. Die Bereitschaftszellen der Ladeanlage können während der
Ladung eines Triebwagens in den Stromkreis des Kraftspeichers des letztern
eingeschaltet werden, ohne daß eine Unterbrechung der Ladung einzutreten
braucht. Zur Vermeidung von vorübergehendem Kurzschluß der Bereitschaftszellen sind für diesen Fall die Übergangswiderstände r mit dem
Schalter B verbunden, die beim Übergang von einem Schleifanschluß zum
andern den Kurzschlußstrom unschädlich machen. Im Schaltplan II ist
ein dritter Schalter C angegeben, mittels dessen, an Stelle der zum Aufladen der Triebwagenspeicher in Bereitschaft stehenden Kraftzellen, die
auf gleiche Ladestromstärke bemessenen, zum Betriebe der Beleuchtung
der Ladeanlage und des Triebwagenschuppens dienenden Zellen zu schalten
sind. Diese kleine Beleuchtungsanlage arbeitet mit nur 14 Volt Spannung.
Durch die Betätigung des Schalters C während des Betriebes der Ladeanlage würde die Aufladung der Triebwagen unterbrochen werden. Dies
wird durch die Elektromagnete s verhindert, mittels deren der Schalter C
während des Ladebetriebes verriegelt bleibt. Sollen während dieses Betriebes Bereitschaftskraftzellen oder die Lichtzellen ein- oder ausgeschaltet
werden, so ist zunächst immer der Schalthebel B zu betätigen.

g) Kraftwerk des Verschiebebahnhofs Wustermark[1]). (Abb. 49.)

Die Anlage dient der Beleuchtung und Kraftversorgung des 4000 m
langen und bis zu 500 m breiten Bahnhofes. Mit Rücksicht auf die große
Längenausdehnung des Bahnhofes und auf die Möglichkeit späteren An-
schlusses benachbarter Bahnhöfe ist Drehstrom gewählt.

In dem Kraftwerke wird der Strom mit 230 Volt Spannung erzeugt,
zum Teil mit dieser Spannung verwandt, zum Teil auf 3000 Volt Spannung
umgeformt und in drei Unterwerken wieder auf 230 Volt herabgespannt.
Der gesamte Arbeitsverbrauch würde bei gleichzeitigem Betrieb sämtlicher
Bogen- und Glühlampen und Kraftmaschinen betragen: 96 kW für Licht
und 84 kW für Kraft. Der wirkliche Arbeitsverbrauch beträgt indessen
nur etwa 133 kW bei Nacht und vorübergehend 68 kW bei Tage.

Das Kraftwerk besitzt drei Maschinensätze gleicher Leistung, von
denen zwei bei Nacht und einer am Tage in Betrieb ist, während der
dritte in Bereitschaft bleibt. Die verwendeten Dieselmaschinen haben
sich durch Betriebssicherheit und Wirtschaftlichkeit bewährt. Ihre stete

---

[1]) Elektr. Kraftbetr. u. Bahnen 1909, S. 321—331.

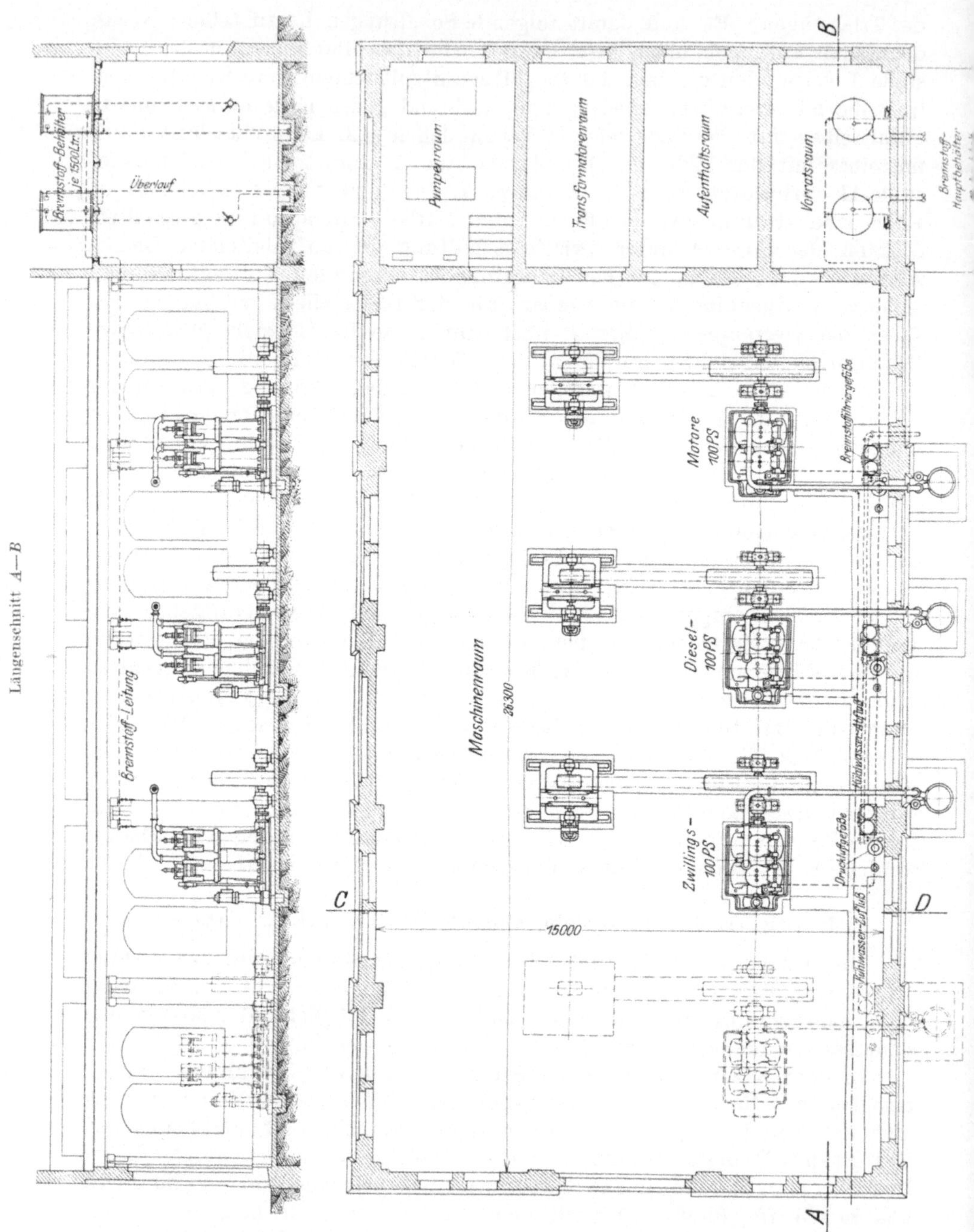

Dienstbereitschaft macht sie für den unterbrochenen Tagesbetrieb und für
die wechselnde Belastung des Nachtbetriebes geeignet, der geringe Platz-
bedarf der Maschinenanlage, die leichte Beweglichkeit und die Bequem-
lichkeit der Lagerung des Brennstoffes, sowie die Unabhängigkeit des Ver-
brauches von der Geschicklichkeit der Bedienung sind weitere Vorzüge.

Die stehend angeordneten, im Viertakt arbeitenden zweizylindrigen Dieselmaschinen haben 350 mm Zylinderbohrung und 530 mm Kolbenhub, die Umdrehungszahl beträgt 170/min, der Ungleichförmigkeitsgrad $^1/_{120}$, die Leistung 100 PS mit vorübergehender Steigerungsfähigkeit um 20 v. H. Die Saugventile der Brennstoffpumpen sind durch Federregler beeinflußt, die mit einer besonderen elektrischen Einstellvorrichtung der Siemens-Schuckert-Werke verbunden sind, mittels deren bei Nebeneinanderschaltung von Maschinensätzen Übereinstimmung der Umdrehungsgeschwindigkeit der Kurbelwellen von der Schalttafel aus herbeigeführt wird. Diese Einstellvorrichtung besteht im wesentlichen aus einem Elektromotor, dessen

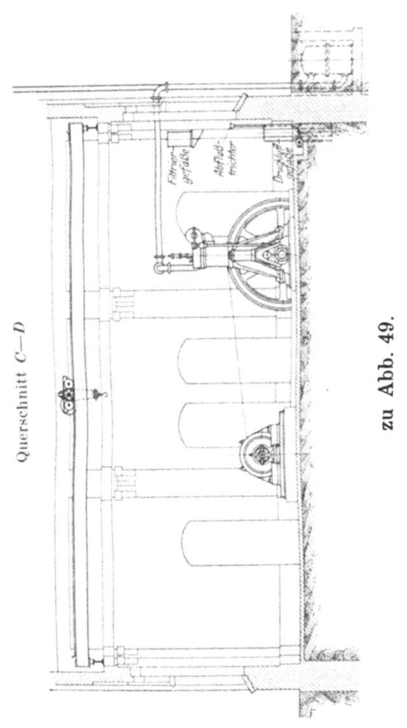

Drehrichtung von dem Federregler abhängig ist. Der Elektromotor bewegt mittels eines Vorgeleges ein Laufgewicht nach der einen oder anderen Richtung. Hierdurch wird die Einstellspindel des Reglers und die der Maschine zugeführte Brennstoffmenge beeinflußt.

Zur Beschaffung der zum Anlassen der Dieselmaschinen und zum Einblasen des Brennstoffes in die Zylinder erforderlichen Druckluft dient je eine stehende zweistufige, vom Ende der Kurbelwellen aus angetriebene Luftpumpe, von der aus die Druckluft in Speichergefäße befördert wird. Das Kühlwasser der Maschinenzylinder und der Luftpumpen wird zu dem Sammelbrunnen der Wasserförderungsanlagen zurückgeleitet. Der Verbrauch beträgt etwa 10 ltr/st für 1 Nutz-PS, bei einer Eintrittwärme von 10° C und einer Austrittwärme von etwa 70° C. Für die Wellenlager ist Ring- oder Kettenschmierung vorgesehen, während für die Kolbenringe und die Zapfen Schmierpumpen angeordnet sind.

Das zum Betriebe der Dieselmaschinen verwendete Rohpetroleum hat einen Heizwert von 10 119 WE/kg. Für einen Heizwert von 10 000 WE ist ein Brennstoffverbrauch auf 1 Nutz-PS-St gewährleistet von: 0,195 kg bei voller Belastung, 0,200 kg bei $^3/_4$ Belastung und 0,235 kg bei $^1/_2$ Belastung. Zwei große Vorratbehälter von zusammen 53 cbm Fassungsvermögen sind in gemauerte, mit einer Zementdecke geschlossene Grube außerhalb des Kraftwerkes eingebaut, in einem Anbau des Maschinenhauses sind die Betriebsbehälter mit einem Inhalt von je 1500 l hoch aufgestellt. Vor der Verwendung wird das Rohpetroleum gefiltert. Der Betrieb der Brennstoffzuleitung wird durch Schwimmer geregelt. Zur Vermeidung des Unterschreitens einer Wärme von $+ 8°$, wobei das Öl zu dickflüssig werden könnte, sind alle Räume, in denen Brennstoff gelagert ist, mit Dampf geheizt.

Zur Sicherung guten Zusammenarbeitens der Maschinensätze sind die Drehstromerzeuger von je 100 kW Leistung bei 750 Umdr./min, mit den

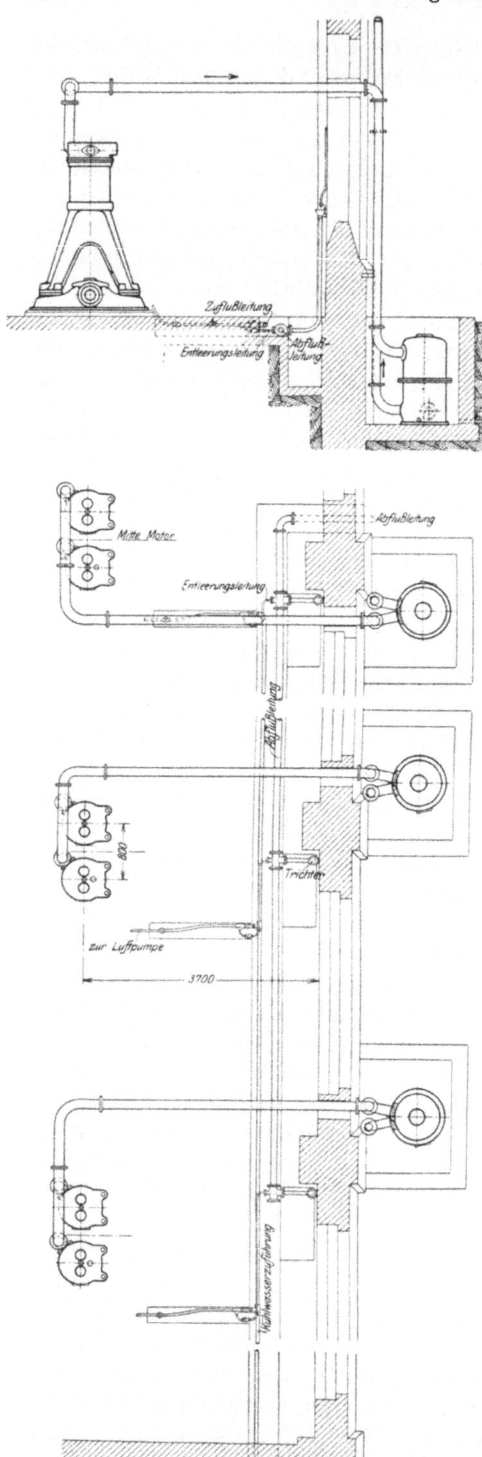

Abb. 50. Aufstellung der Dieselmaschinen.

Dieselmaschinen durch Lederriemen vom Schwungrade aus gekuppelt. Die Drehstromerzeuger sind Innenpolmaschinen mit angebauter Erregermaschine. Die aus einem Stück mit kreisrundem Querschnitt hergestellten Pole sind mit angeschmiedeten Polschuhen versehen, die zur Verhinderung von Wirbelströmen geblättert sind. Durch besondere Formgebung der Pole ist für die Spannungskurven der Stromerzeuger annähernd genauer Sinusverlauf, mit nur geringfügigen Oberwellen, zur Verhütung von Störungen in den Schwachstromleitungen erreicht. Die Erregerwicklung besteht aus hochkant gebogenem Flachkupfer, die äußere feststehende Wicklung ist ungeteilt.

Sämtliche Elektrizitätszähler sind als Motorzähler nach dem Grundsatze von Ferrari gebaut.

Besondere Vorsorge ist zur Erleichterung des Zusammenarbeitens der Drehstromerzeuger getroffen. Zu diesem Zwecke ist ein Phasen- und Periodenvergleicher, mit Drehfeldanzeiger und je einem Phasen-, Maschinen- und Sammelschienenspannungszeiger, angeordnet. Die Reglerwiderstände der Drehstromerzeuger lassen sich miteinander kuppeln, so daß sie für das Zusammenarbeiten der Drehstromerzeuger bei sämtlichen Maschinen gleichzeitig in demselben Sinne verstellt werden können.

Durch zwei kesselförmige Mantelumformer mit Ölkühlung, von je 95 kW Leistung, wird die Spannung für die Fernleitung auf 3000 Volt erhöht. Die Mantelflächen der Ölgefäße sind innen und außen mit Blechrippen zur Vergrößerung der Kühlflächen versehen. Das Niederspannungsnetz wird selbsttätig geerdet, sobald die Spannung einen gewissen Betrag erreicht. Gefährlicher Überdruck im Innern der Umformer wird durch ein Sicherheitsventil verhütet, in die Umformer eindringende Feuchtigkeit wird durch eine besondere Vorrichtung beseitigt. Auf der Hochspannungsseite sind selbsttätige Ölausschalter mit Auslösemagneten für Schnellauslösung vorgesehen. Die Schalter werden durch Fernübertragung mittels Hebel bedient, ihre jeweilige Stellung wird durch Signallichter im Maschinenraum kenntlich gemacht. In den drei Unterwerken sind je 2 Umformer von 52, 37 und 10 kW Leistung aufgestellt. Die Übertragungsanlage für Hochspannung ist doppelt ausgeführt, die eine der beiden Anlagen bleibt vorläufig in Bereitschaft.

Außer den fest angeordneten Bogen- und Glühlampen für die Beleuchtung des Bahnhofes wird auch eine Anlage mit beweglicher Stromzuführung zur Beleuchtung des Innern der an der Laderampe behandelten bedeckten Güterwagen, nebst den drei Elektrizitätsspeichern zum Betriebe der elektrischen Stellwerke, von dem Kraftwerke gespeist. Letztere Anlage umfaßt 350 Triebmaschinen für Weichen und Signale.

Baukosten.

Die Baukosten haben betragen:

für Gebäude	52 000 M.
„ Dieselmaschinen, Stromerzeuger, Schaltanlage und Leitungen	121 300 „
„ die Hauptbrennstoffbehälter	3 100 „
„ „ Krananlage	3 900 „
„ „ Beleuchtung des Kraftwerkes	700 „
Zusammen	181 000 M.

Betriebskosten.

Der Brennstoffverbrauch ergab sich bei den Abnahmeversuchen zu 181 bis 190 g für die Nutzpferdekraft und Stunde bei einer Nutzleistung der Dieselmaschinen von 108 bis 99 PS. Dem entspricht ein wirtschaftlicher Wirkungsgrad für die Ausnutzung des Brennstoffes von 0,345 bis 0,328.

Der jährliche Stromverbrauch beträgt 476 000 kW·st, entsprechend etwa 802 000 Nutzpferdekraftstunden für die Dieselmaschinen:

Für die Abschreibungen der Gebäude ist deren Lebensdauer zu 60 Jahren, für die Maschinen, die Schaltanlage und die Leitungen zu 20 Jahren, für die Beleuchtung zu 10 Jahren angenommen. Für das Gebäude und die Beleuchtung ist kein Altwert berechnet, im übrigen ist er zu 8 v. H. des Neuwertes angenommen.

Alsdann ergibt sich:

Zinsen $3^1/_2$ v. H.	6 335 M.
Abschreibungen, Gebäude 0,51 v. H. von 52 000 M. .	265 „
Maschinen, Schaltanlage und Leitungen 3,5 v. H. von 111 596 M. .	3 906 „
Hauptbrennstoffbehälter und Krananlage 2,6 v. H. von 6440 M. . .	167 „
Beleuchtung 8,5 v. H. von 700 M. .	60 „
Unterhaltung, Gebäude 1 v. H. von 52 000 M. . . .	520 „
Maschinen, Schaltanlage u. Leitungen 2 v. H. von 121 300 M.	2 426 „

Hauptbrennstoffbehälter und Kran- anlage 1,5 v. H. von 7000 M. . . .	105 M.
Beleuchtung 4 v. H. von 700 M. . .	28 „
Brennstoff, 0,195 kg für 1 Nutz-PS-st, 1 kg = 7,5 Pf.	11 729 „
Sonstige Betriebsstoffe	3 295 „
Gehälter und Löhne	8 600 „
Zusammen	37 436 M.

Eine Kilowattstunde kostet demnach am Schaltbrett des Kraftwerkes 7,9 Pf.

Die Dieselmaschinen sind von der Maschinenbauanstalt Breslau (Linke-Hofmann-Werke), die elektrischen Maschinen von den Siemens-Schuckert-Werken geliefert.

F. Kleinkraftanlagen mit Benzolmaschinen.

Durch Benzolmaschinen betriebene Kraftwerke zur Bedienung kleiner Beleuchtungsanlagen sind seitens der **Siemens-Schuckert-Werke** und seitens der **Allgemeinen Elektrizitätsgesellschaft** für den **Bahnhof Grunewald**, und seitens der **Bergmann-Elektrizitäts-Werke** für den **Hamburger Güterbahnhof in Berlin** geliefert.

a) Kraftanlagen in Berlin-Grunewald. (Abb. 51/55.)

Die nach dem Grundriß in Abb. 51 gebaute und in einem ausgemusterten Güterwagen untergebrachte kleine Anlage der Siemens-Schuckert-Werke besteht in einer Benzolmaschine von 2,5 PS Höchstleistung, die mit einem Gleichstromerzeuger von 1,6 kW Leistung bei 65 bis 92 Volt Spannung gekuppelt ist, einem Kraftspeicher der Akkumulatorenfabrik A.-G. in Hagen

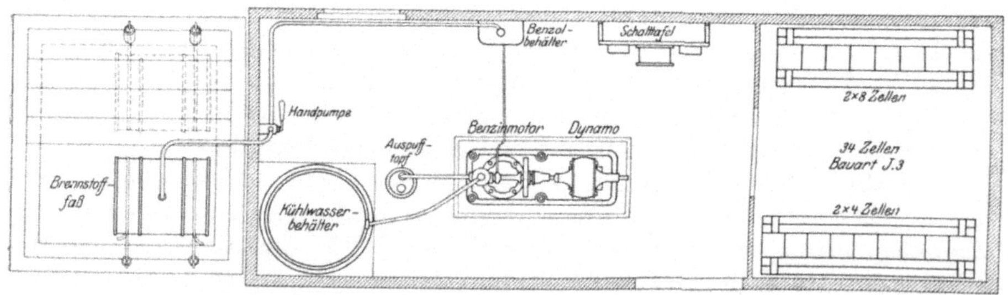

Abb. 51. Kleinkraftanlage in Berlin-Grunewald und Königsberg i. Pr. (S. S.-Werke).

und der Schalttafel. Die von den Grade-Motorwerken m. b. H. in Magdeburg gelieferte stehende einzylindrige Benzolmaschine arbeitet im Zweitakt mit 1200 bis 1400 Umdr./min, ohne gesteuerte Ventile und ist mit Umlaufwasserkühlung versehen. Die Bauart ist möglichst einfach gehalten, die Anzahl der einzelnen Teile tunlichst beschränkt. Das Kurbelgetriebe ist dicht in ein gußeisernes Gehäuse eingeschlossen, auf dem der Zylinder aufgebaut ist. Die Zündung erfolgt magnetelektrisch. Der Brennstoff wird dem Vergaser mit ringförmiger Zerstäuberdüse aus einem den erforderlichen Vorrat für 6-stündigen Betrieb fassenden Behälter mittels einer dünnen Kupferrohrleitung zugeführt. Dieser kleine Behälter wird mittels einer Flügelpumpe aus einem außerhalb des Maschinenhauses in einer gemauerten Grube gelagerten Fasse von 300 l Inhalt aufgefüllt. Es dies der Inhalt der gewöhnlichen Lieferungsfässer, so daß schnelle und bequeme Überfüllung ermöglicht ist. Für die Mantelkühlung des Zylinders genügt bei der geringen Maschinenleistung ein einfaches Gefäß, an das unten die zum Zylinder führende Leitung, oben die von dem Zylinder kommende Leitung angeschlossen ist. Der Wasserumlauf erfolgt selbsttätig infolge des Gewichtunterschiedes des erwärmten gegen das kühlere Wasser des Gefäßes. Innerhalb 6 Stunden erhöht sich die Wasserwärme allmählich auf etwa 45°, so daß alsdann bei weiter fortgesetztem Betrieb eine Auffüllung frischen Wassers erforderlich wird. Die Schmierung aller bewegten Teile erfolgt selbsttätig von einem Gefäße aus, das mit dem Kurbelgehäuse der Maschine verbunden ist und unter dem darin herrschenden Überdruck

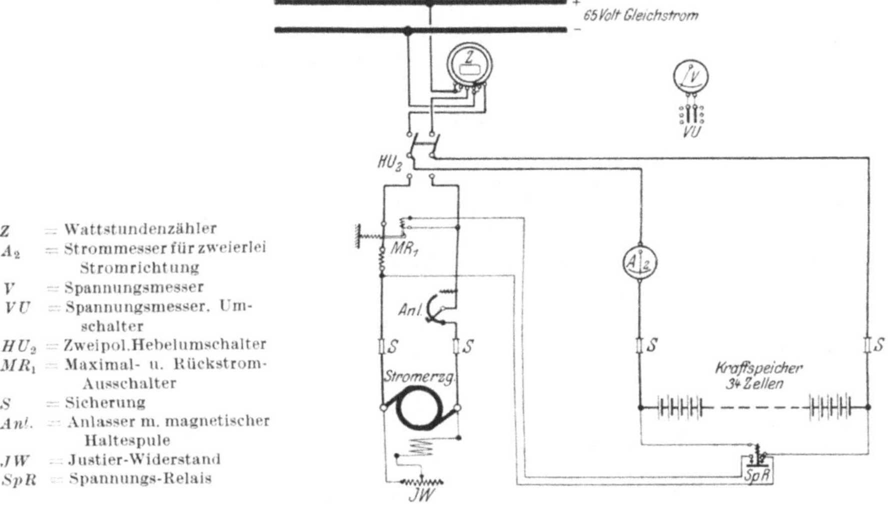

Z = Wattstundenzähler
A_2 = Strommesser für zweierlei Stromrichtung
V = Spannungsmesser
VU = Spannungsmesser. Umschalter
HU_2 = Zweipol. Hebelumschalter
MR_1 = Maximal- u. Rückstrom-Ausschalter
S = Sicherung
Anl. = Anlasser m. magnetischer Haltespule
JW = Justier-Widerstand
SpR = Spannungs-Relais

Abb. 52. Schaltanlage für Kleinkraftanlagen.

steht. Neben der Maschine ist ein Auspufftopf aufgestellt, außerhalb des Gebäudes noch ein Schalldämpfer angeordnet. Der mit der Antriebmaschine gekuppelte vierpolige Gleichstromerzeuger mit Stromsammler ergibt bei 1200 Umdr./min eine Spannung von etwa 65 Volt bei einer Stromstärke von 25 Amp. Infolge der beim Laden des Kraftspeichers, mit allmählich steigender Gegenspannung, eintretenden Entlastung der Maschine erhöht sich selbsttätig deren Umlaufzahl und damit auch die Klemmenspannung. Diese Steigerung der Spannung hält stetig an, bis die Ladespannung bei etwa 1400 Umdrehungen der Maschine ihren Höchstwert erreicht. Die Leistung des Stromerzeugers bleibt annähernd gleichmäßig hoch, so daß die Stromstärke in gleichem Grade abnimmt, wie die Spannung steigt. Angedreht werden kann die Maschine mittels einer auf ein Wellenende aufgesteckten Handkurbel. Der Kraftspeicher besteht aus 34 Zellen mit einer Leistung bis zu 90 Amp-St bei 5 stündiger Entladung. Die größte Stärke des Ladestroms ist 27 Amp. Die Entladespannung schwankt zwischen 66,5 und 62 Volt, so daß die Metallfadenlampen, die bei 65 Volt weniger empfindlich gegen Spannungsschwankungen sind als bei 110 Volt, ohne Zellenschalter unmittelbar an den Speicher angeschlossen werden können. Die Speicherzellen sind in Gruppen von je 8 oder 9 reihenweise übereinander aufgestellt. Nebeneinanderschaltung des Stromerzeugers und des Speichers ist vermieden, letzterer wird vielmehr nur entweder auf die Lademaschine oder auf das Netz geschaltet. Vorschriftsmäßig soll sich die Bedienung der Anlage auf das Anlassen der Betriebsmaschine und das Einschalten des Speichers auf das Verteilungsnetz bei eintretender Dunkelheit beschränken. Alle übrigen Schaltungen sind deshalb selbsttätig eingerichtet. Die Klemmenspannung des Stromerzeugers wird mittels des Widerstandes JW (Abb. 52) auf die anfängliche Ladespannung eingeregelt. Durch einen in den einen Pol des Ladestromkreises gelegten Höchstausschalter wird sowohl eine Beschädigung des Stromerzeugers verhütet, als auch dessen Abschaltung bei Überschreitung der höchstens Ladespannung von 92 Volt veranlaßt. Zu diesem Zwecke ist der Höchstausschalter mit einer zusätzlichen Spannungsspule versehen, die an ein mit den Polen des Speichers verbundenes und auf die höchste Ladespannung von 92 Volt eingestelltes „Relais" angeschlossen ist. Durch die Betätigung des Höchstausschalters wird der Stromkreis der Zündvorrichtung der Benzolmaschine kurzgeschlossen und letztere dadurch gleichzeitig stillgesetzt. Außer durch die früher erwähnte Handkurbel kann die Maschinengruppe auch von dem Kraftspeicher aus mittels eines von Hand betätigten Anlassers in Gang gesetzt werden. Letzterer wird in seiner Kurzschluß bewirkenden Endstellung durch eine Stromspule mit Eisenkern magnetisch festgehalten. Hierdurch wird Schutz gegen Rückstrom aus dem Kraftspeicher geboten, indem der Ladestrom dabei seine Richtung umkehren und durch den Wert Null hindurchgehen müßte. In diesem Augenblicke wird aber die Haltespule des Anlassers stromlos und der Anschlaghebel geht durch Federkraft in die Ausschaltstellung zurück.

In der Regel wird der Speicher den zum Anlassen der Maschine erforderlichen Strom von 23 Amp bei 65 Volt Spannung noch hergeben. Der alsdann als Antriebmaschine laufende Stromerzeuger muß dabei den Gegendruck im Zylinder bei geöffnetem Hahn überwinden, bis nach einigen Umdrehungen die erste Zündung erfolgt. Bis dahin zeigt der für zweiseitigen Ausschlag eingerichtete Stromzeiger die Stromrichtung entgegengesetzt wie beim Laden des Speichers an. Sobald die Benzolmaschine selbst in Gang kommt und Arbeit leistet, geht der Zeiger durch Null hindurch und zeigt dann in entgegengesetzter Richtung steigend Ladestrom an. Wie früher ausgeführt, regelt sich weiterhin die Umdrehungszahl der Maschine selbsttätig so, daß die Klemmenspannung des Strommerzeugers etwas über der Spannung des Speichers liegt. Der Maschinenwärter erkennt also das Anspringen der Maschine am Durchgang des Stromzeigers durch Null. Da jedoch der Anlasser in der Endstellung magnetisch festgehalten werden soll, so darf die Anlaßkurbel erst in die Endstellung gebracht und losgelassen werden, wenn der Ladestrom sich stetig eingestellt hat. Wird ausnahmsweise die Maschine mittels der Andrehkurbel angelassen, so wird die Kurbel des elektrischen Anlassers in die Endstellung beim Haltemagnet gebracht und der Stromerzeuger auf den Speicher geschaltet, sobald die Zündungen der Verbrennungsmaschine eingesetzt haben.

Wie erwähnt, paßt sich der Stromerzeuger mit der Ladespannung vom
Anfang bis zum Höchstwerte von 92 Volt stets dem jeweiligen Entlade-
zustand des Speichers an. Ist die Endspannung erreicht, so wird durch
Vermittelung des an die Pole des Speichers angeschlossenen „Relais" (*SpR*)
der Höchstausschalter betätigt.

Durch ungeschickte Handhabung der Einrichtungen ist eine Beschädigung der Maschinenanlage kaum möglich. Geschieht das Anlassen
vom Speicher aus zu schnell, so wird der Höchstausschalter durch seine
Stromspule abgeschaltet, ebenso erfolgt Abschaltung durch die Spannungsspule, wenn versucht würde, bei voll aufgeladenem Speicher die Maschine

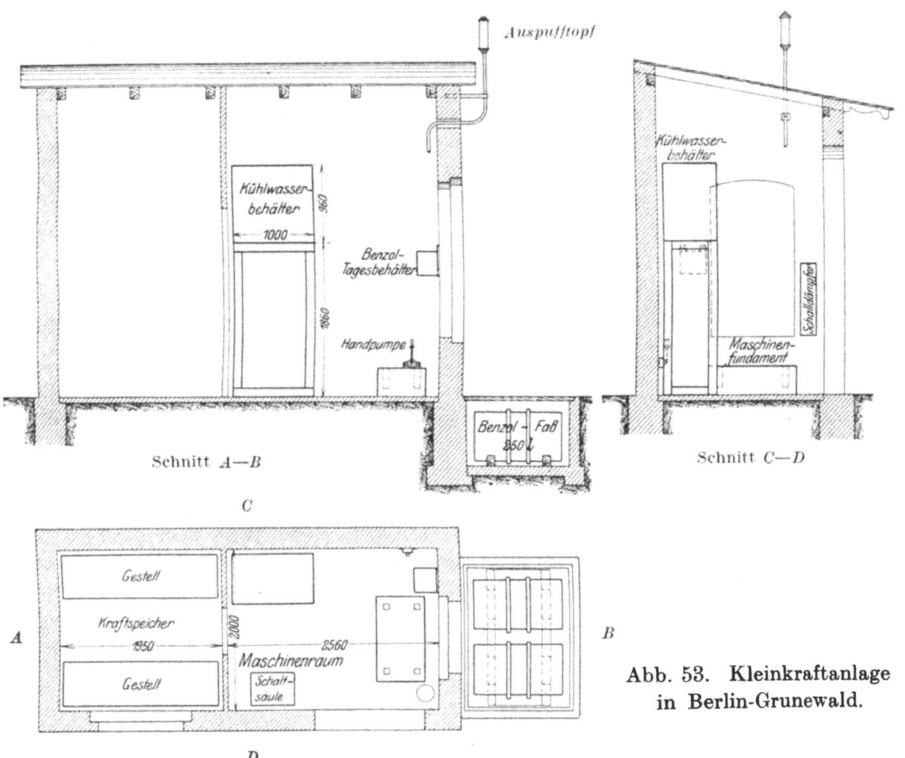

Abb. 53. Kleinkraftanlage
in Berlin-Grunewald.

noch weiter laufen zu lassen oder die schon stillgesetzte wieder in Gang
zu bringen.

Eine ganz ähnliche Anlage (Abb. 53) ist auf demselben Bahnhof Grunewald schon etwas früher durch die Allgemeine Elektrizitäts-Gesellschaft geliefert und aufgestellt worden und seitdem ebenfalls ohne Anstände im Betriebe geblieben. Die von der Neuen Automobilgesellschaft
eigens zu dem Zwecke entworfene stehende Viertakt-Verbrennungsmaschine
mit 80 mm Zylinderdurchmesser und 80 mm Kolbenhub ist wieder mit dem
damit gekuppelten Stromerzeuger auf derselben Grundplatte aufgebaut. Die
leicht lösbare nachgiebige Kuppelung erleichtert den Zusammenbau und die
Auswechselung des einen oder des andern Teiles. Die mittlere Umdrehungszahl ist 1500/min, die mittlere Leistung der Verbrennungsmaschine $2\frac{1}{4}$ PS.
Durch reichliche Abmessung der aufeinander reibenden Flächen und durch

Verwendung geeigneter Baustoffe ist der hohen Umlaufzahl Rechnung getragen. Als Brennstoff ist Benzol und versuchsweise der bei dem Pressen des Fettgases sich absetzende Kohlenwasserstoff verwandt worden. Dem Vergaser wird der Brennstoff mittels eines nahtlos gezogenen Kupferrohres von dem 10 Liter fassenden Tagesbehälter aus durch natürliches Gefälle zugeführt. Der Vergaser und das Einlaßventil arbeiten selbsttätig, während das Auslaßventil zwangläufig gesteuert ist. Die Zündung erfolgt nach Bauart Bosch durch magnetelektrischen Lichtbogen. Die Regelung der Umlaufzahl erfolgt selbsttätig durch einen Fliehkraftregler, der auf eine in das Saugrohr eingebaute Drosselklappe wirkt. Die Lagerung des Brennstoffvorrates und die Einrichtung der Mantelkühlung des Zylinders ist die gleiche, wie früher angegeben. Bei starkem Frostwetter werden dem Kühlwasser Gefrierschutzmittel, wie Glyzerin, Holzgeist oder Alkohol zugesetzt, oder das Wasser wird nach dem Stillsetzen der Maschine aus den Rohrleitungen und aus dem Zylindermantel abgelassen. Unterhalb des Kühlwasserbehälters ist ein Schrank für Werk

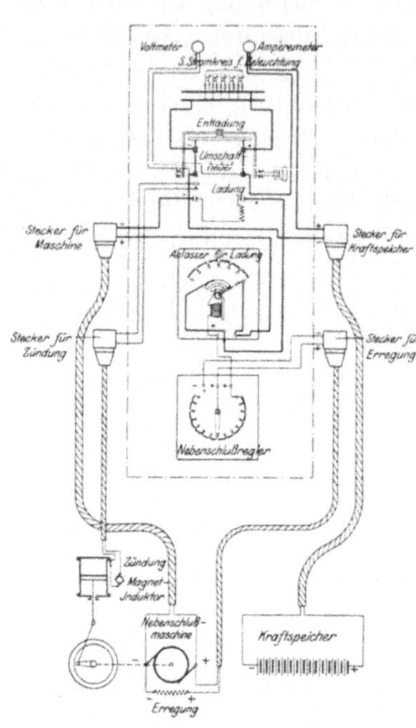

Abb. 54.
Schaltplan in Berlin-Grunewald.

zeug und für Ersatzteile eingerichtet. Der Speicher von 34 Zellen mit einer Leistung von 100 Amp-st bei 10stündiger Entladung kann 45 Metallfadenlampen von je 16 HK gleichzeitig speisen. Die höchste Ladespannung ist wieder 92 Volt. Während der mehrstündigen Pause nach der Ladung sinkt die Spannung bis auf 72 Volt, wenige Minuten nach Beginn der Entladung beträgt sie nurmehr 67,5 Volt, die mittlere Entladespannung hält sich dann auf 66 Volt. Von einem Zellenschalter ist auch hier abgesehen. Alle Bedienungsvorrichtungen sind in einer eisernen Schaltsäule untergebracht. Die Verbindung zwischen dieser einerseits und zwischen dem Stromerzeuger und dem Speicher andrerseits ist durch Kabel bewirkt, die in Segeltuch eingenäht und durch Steckklemmen angeschlossen sind, so daß die Auswechslung einer etwa beschädigten Schaltsäule leicht möglich ist. Das mit gestrichelter Linie umrissene Rechteck in Abb. 54

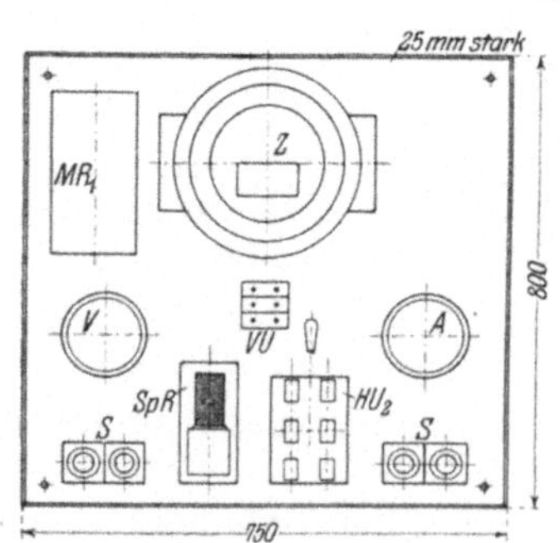

Z = Wattstundenzähler
A = Strommesser
V = Spannungsmesser
VU = Spannungsmesser, Umschalter
HU_2 = Zweipol. Hebel-Umschalter
MR_1 = Maximal-Rückstrom-Ausschalter
S = Sicherung
SpR = Spannungs-Relais

Abb. 55.
Schalttafel für Kleinkraftanlagen.

umschließt alle Vorrichtungen der Schaltsäule. Soll der Speicher aufgeladen werden, so öffnet der Wärter die Zuleitungshähne für Benzol

und Schmieröl und bewegt den rechts an der Schaltsäule angebrachten
Umschalthebel nach unten. Hierdurch wird gleichzeitig mittels eines
Nebenanschlusses der Stromkreis der elektrischen Zündung der Verbrennungsmaschine geschlossen. Durch Drehen der an der Vorderseite
der Schaltsäule angebrachten Anlasserkurbel nach rechts wird alsdann
der Speicher auf den Stromerzeuger geschaltet und letzterer setzt als Trieb-
maschine die Verbrennungsmaschine in Gang. Der Nebenschlußregler wird
nur bei der ersten Inbetriebsetzung der Anlage eingestellt und kann in
das Innere der Schaltsäule eingeschlossen werden. Innerhalb 4 bis höchstens
6 Stunden wird alsdann der Speicher selbsttätig aufgeladen. Bei Er-
reichung der Höchstspannung erfolgt selbsttätige Abschaltung, der Anlasser geht in die Anfangsstellung zurück. Gleichzeitig wird die Zündung
abgeschaltet und die Verbrennungsmaschine dadurch zum Stillstand gebracht. Zum Anstellen der Beleuchtung legt der Wärter den Umschalthebel nach oben, schaltet dadurch den Speicher auf das Leitungsnetz und
betätigt nunmehr die unter dem Spannungsmesser eingebauten Schalter
für die einzelnen Stromkreise. Spannungsmesser und Strommesser lassen
je nach der Stellung des Umschalthebels die Vorgänge bei der Ladung und
Entladung des Kraftspeichers erkennen.

b) Kraftanlage auf dem Hamburger Bahnhof in Berlin.

Die von den Bergmann-Elektrizitäts-Werken auf dem Hamburger
Bahnhofe in Berlin errichtete Kleinkraftanlage weicht in einigen wesentlichen Punkten von der vorbeschriebenen ab, insbesondere arbeitet die
Verbrennungsmaschine im Zweitakt. Im übrigen beschränkt sich auch
hier die Bedienung auf das Einstellen der Kühlwasserleitung, der Brennstoffzuleitung und der Schmierhähne, sowie das Anlassen der Maschine
und das Einlegen der selbsttätigen Ausrückvorrichtung. Die Stromstärke
nimmt beim Aufladen des Speichers mit wachsender Gegenspannung des
letzteren allmählich ab, die Klemmenspannung des Stromerzeugers wächst
dementsprechend und paßt sich dem jeweiligen Ladezustande des Speichers
an. Zur Vermeidung zu tiefer Entladung des Speichers beim Betriebe
der Beleuchtungsanlage, wie auch zur Verhütung zu starken Anwachsens
der Spannung beim Aufladen ist ein Spannungsüberwacher mit verstell-
barem Anschluß vorgesehen, mittels dessen ein Hilfsstromkreis geschlossen
wird, von dem aus die Wicklung eines selbsttätigen Auslösers gespeist
wird. Wie früher erwähnt, wird hierdurch die Stromzuführung unterbrochen und gleichzeitig der Stromkreis für die Zündung der Verbrennungsmaschine kurzgeschlossen. Bei der im Zweitakt arbeitenden Antriebmaschine vollziehen sich bei jeder Umdrehung der Kurbelwelle die gleichen
Arbeitsvorgänge, die sich bei den Viertaktmaschinen auf je zwei Umdrehungen verteilen. Der erste und der letzte Arbeitsvorgang der Vier-
taktmaschine, das Ansaugen des Gemisches von Brennstoff und Luft und
die Ausstoßung der Verbrennungsreste, sind durch Abschneiden von Teilen
der Dehnung und der Zusammendrückung gewonnen. Auf der äußeren
Kolbenseite vollzieht sich der eigentliche kraftleistende Arbeitsvorgang,
während die Hilfsvorgänge der Vorbereitung der neuen Arbeitsleistung
sich auf der inneren Seite abwickeln. Beim Aufgange des Kolbens ent-
steht Luftunterdruck im Kurbelraum, infolgedessen öffnet sich selbsttätig

das Saugventil und ein Gemisch von Brennstoff und Luft wird unter den Kolben geführt. Beim darauffolgenden Niedergang des Kolbens wird die Ladung etwas verdichtet, gleichzeitig erfolgt über dem Kolben Zündung und Arbeitsleistung, die Verbrennungsgase treten kurz vor der Beendigung des Hubes, nach Öffnung des Auslaßkanales ins Freie. Die Spannung in dem Raume oberhalb des Kolbens sinkt dabei bis nahe auf den äußeren Luftdruck und das zusammengedrückte Gemisch von Brennstoffgasen und Luft wird nunmehr in den oberen Raum übergeführt, sobald der Kolben auf seinem Wege nach unten den Einströmkanal freigibt. Eine am Kolben angebrachte Leitschaufel verhindert den Austritt der neuen Ladung durch den geöffneten Ausströmkanal, indem die neue Ladung gezwungen wird bis zum höchsten Punkte des Zylinders aufzusteigen und, durch den Zylinderboden abgelenkt und die alten Verbrennungsgase vor sich herschiebend, den ganzen oberen Zylinderraum auszufüllen. Ausstoßen der Verbrennungsgase und frische Füllung vollziehen sich also in der Zeit, während der die obere Kante der Kolbenringe sich über die Höhenerstreckung des Auspuffkanales hin- und zurückbewegt. Nach Abschluß des letzteren beginnt die Zusammendrückung von Gas und Luft; nahe der oberen Totpunktlage des Kolbens erfolgt neue Zündung, den folgenden gleichen Arbeitsvorgang einleitend. Die Regelung des Kühlwasserumlaufes erfolgt wie früher angegeben, Einfrieren des Kühlwassers wird durch Beimischung von Glyzerin verhütet. Der Regler der Verbrennungsmaschine wirkt durch Drosselung der Brennstoffzufuhr auf die Mischung der Ladung ein und erhält gleichmäßige Umdrehung der Maschine.

G. Betrieb mit Benoidmaschinen.

In diesem Zusammenhange sind die zum Betriebe kleiner Kraftwerke geeigneten Benoidmaschinen anzuführen, die den Vorzug aufweisen, daß zur Herstellung des Verbrennungsgases Fettgasrückstände, Benzol, Benzin, Autonaphtha und andere schwere Kohlenwasserstoffe in ganz ungereinigtem rohen Zustande verwandt werden können. Der Preis des Brennstoffes beträgt etwa 3 bis 6 Pf./kg einschließlich Fracht, der Verbrauch etwa 350 g/PS-st. Die grundsätzliche Anordnung einer solchen Anlage, wie sie von der Fabrik für Gas- und Wasseranlagen Thiem & Töwe in Halle (Saale) geliefert wird, zeigt Abb. 56. Die gesetzlich geschützte Anordnung für die Zuführung des Brennstoffes besteht darin, daß dieser bei mittlerer Wärme mit Hilfe darüber streichender Luft verdampft wird, während das Mischungsverhältnis von verdampftem Brennstoff und Luft dadurch gleichförmig erhalten wird, daß die angesaugte Luft eine Gasuhr in Drehung versetzt, mit der ein Schöpfwerk für den Brennstoff gekuppelt ist. Dieses Schöpfwerk (B) enthält kleine Becher (4), die ihren Inhalt in einen Trichter entleeren, von dem aus der Brennstoff dem Vergaser (C) zufließt. Das Tropfgefäß 19 dient dem Anlassen mit Benzin für den Notfall. Bei dem Andrehen der Kurbelwelle pflanzt sich die Saugwirkung des Kolbens durch das Rückschlagventil (E) und den Vergaser hindurch bis in die Gasuhr (A) fort, in die bei 1 die Verbrennungsluft eintritt. Der Vergaser besteht in einer eisernen Scheibe, die von den Auspuffgasen ganz oder teilweise durchzogen und dadurch er-

wärmt wird. In dem Vergaser ist ein schneckenförmiger Gang aus-
gespart, in den bei 5 der Brennstoff, bei 3 die Luft eintritt. Das Gemenge von vergaster Flüssigkeit und Luft gelangt in die über dem Vergaser angeordnete, mit Sicherheitsventil versehene Mischhaube und von
dort durch die Leitung 7 und das Rückschlagventil zur Maschine. Gasmaschinen irgendwelcher Art, auch Verbrennungsmaschinen für Betrieb
mit flüssigem Brennstoff, lassen sich für Benoidgas einrichten, es ist nur

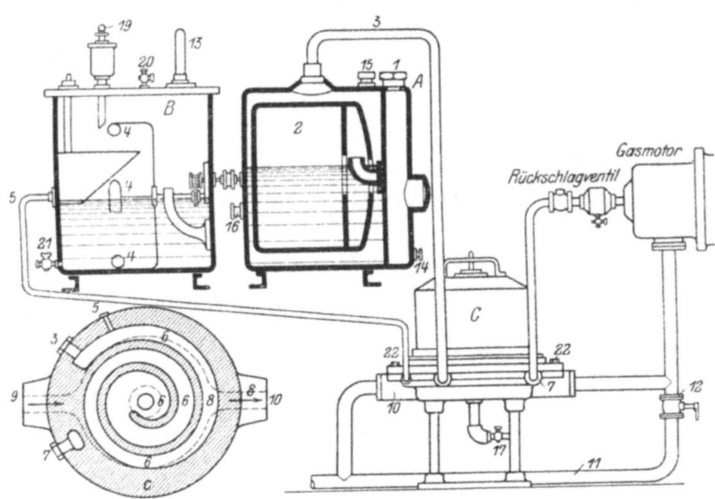

Abb. 56. Benoidgasanlage.

vor allem nötig vor das Luftventil eine regelbare Drosselvorrichtung ein-
zuschalten, um Luftüberschuß in der Gasmischung zu verhindern. Der
Brennstoffverbrauch kostet bei dem angegebenen Preise von 3 bis 6 Pf.
auf 1 kg und einem Verbrauch von 350 kg, bei älteren umgeänderten
Maschinen 430 g, rund 1,2 bis 2,4 Pf./PS-st.

Im übrigen wird Benoidgas auch unmittelbar zur Beleuchtung, wie
zum Betriebe von Feuerungen, beispielsweise zur Erwärmung von Rad-
reifen, benutzt. Der Vergaser muß alsdann nur besonders erwärmt und
ein Gebläse für das Einbringen der Verbrennungsluft angeordnet werden.

H. Umformeranlagen.

Wie bei der Erörterung der für die Errichtung bahneigener Kraftwerke maßgebenden Gesichtspunkte erwähnt ist, nimmt der Bezug von
elektrischem Strom aus fremden Werken, bei dem stetigen Sinken der
Strompreise und der Beschaffungskosten der Zuleitungskabel, wachsende
Bedeutung an. In der Regel ist bei dem Strombezug von auswärts eine
Umformung nach der Spannung oder nach der Art erforderlich. Die
folgende Zusammenstellung gibt eine Übersicht der bis jetzt ausgeführten
derartigen bahneigenen Anlagen.

Umformer-Kraftwerke der preußisch-hessischen Staatseisenbahnen.

Ort	Des zugeleiteten Hochspannungsstromes Art*)	Spannung Volt	Des verwendeten Niedrigspannungsstromes Art*)	Spannung Volt	Der Umformer Anzahl	Leistungsfähigkeit kW	Baukosten der Anlage ohne Außenleitungen, Lampen und elektrischen Antriebmaschinen	mit	Jahresleistung (bezogen) kW-st.	Preis für 1 kw-st. des Hochspannungsstromes ohne Zinsen und Tilgung Pf.	Niedrigspannungsstromes mit (ohne) Zinsen und Tilgung Pf.	Bemerkungen
Frankfurt (Main) .	We.	2850/3000	Gl.[1]	220	{2 / 1	250 / 80	—	—	821 524	9 (15)	—	[1] In Zukunft soll Wechselstrom verwandt werden.
Schlauroth	Dr.	3000	Dr.	200	3	{100 / 52 / 20	—	—	156 000	—	25 (19,3)	
Halle (Saale)[2] . .	„	3000	Gl.	230	—	—	142 200	—	—	7,0	—	[2] Der Strom soll später von dem Unterwerk Lützschena der Zugförderung Magdeburg — Halle mit 15 000 Volt bezogen werden.
Darmstadt	„	6000	{ Gl. / „	220/440 / 350/465[3]	—	—	—	—	—	—	—	
Salbke	„	10 000	{ Dr. / Gl.	500/220 / 220	—	—	—	—	—	—	—	
Burbach	„	3000	Dr.	220	{2 / 1	200 / 12	—	—	—	—	8	[3] Zum Aufladen der Triebwagen.
Völklingen	„	10 000	„	200/225	—	—	—	—	—	5	6	
Bous	„	10 000	„	„	—	—	—	—	—	5	6	
Saarlouis	„	10 000	„	„	—	—	—	—	—	5	6	
Dillingen	„	10 000	„	„	—	—	—	—	—	5	6	

*) Es bedeutet: We. = Einphasen-Wechselstrom; Gl. = Gleichstrom; Dr. = Drehstrom.

a) Umformerwerk in Frankfurt a. M. (Abb. 57.)

In Frankfurt (Main) ist das bis zum Jahre 1909 zur Beleuchtung des Hauptpersonenbahnhofes dienende Dampfkraftwerk außer Betrieb gesetzt und an dessen Stelle in demselben Gebäude ein Umformerwerk errichtet worden, das durch Einphasen-Wechselstrom von 2850 bis 3000 Volt Spannung aus dem städtischen Elektrizitätswerke gespeist wird. Zunächst wurde eine Umformung des zugeleiteten Wechselstromes in Gleichstrom vorgenommen, indem gleichzeitig die Spannung im Beleuchtungsnetze von früher 120 auf 220 Volt erhöht wurde. In Zukunft soll jedoch, um die Verluste der Umformung und die Kosten der Wartung der umlaufenden Umformer zu ersparen, auf die Umformung in Gleichstrom verzichtet und der zugeführte hochgespannte Wechsel- oder Drehstrom als solcher, nur mit ermäßigter Spannung verwandt werden. Ein kleinerer Teil des aus dem städtischen Werke bezogenen Wechselstromes ist schon bisher zu Kraftzwecken mit 240 Volt Spannung, ohne Umformung in Gleichstrom, benutzt worden.

Das bisher benutzte Umformerwerk (Abb. 57) besteht in zwei großen Umformern von je 250 kW Leistung und einer Lademaschine von 80 kW Leistung, sowie einem Speicher von 132 Zellen, der imstande ist, eine Stunde lang einen Entladestrom von 1110 Amp. zu liefern. Einer der beiden großen Umformer genügt für den Nachtbetrieb, während der zweite in Bereitschaft bleibt oder mit der Lademaschine zusammen zum Aufladen des Speichers benutzt wird. Diese Lademaschine ist mit zwei Wicklungen versehen und kann infolgedessen in verschiedenartiger Weise verwandt werden. Bei dem Aufladen des Speichers, in Gemeinschaft mit einem der beiden großen Umformer, ist sie mit diesem in Reihe geschaltet, während die beiden Wickelungen der Lademaschine nebeneinander geschaltet sind. Die Lademaschine kann aber auch für sich allein während der Tagesstunden den Beleuchtungsstrom liefern und zugleich den Speicher laden, oder während der Nachtstunden einen der beiden großen Umformer unterstützen, wenn ihre beiden Wickelungen zueinander in Reihe geschaltet sind. Ebensowohl kann sie in diesem Falle allein den Speicher aufladen. Die großen Umformer sind so eingerichtet, daß ausnahmsweise jeder von ihnen für sich allein, unter entsprechender Steigerung der Erregung, als Lademaschine dienen kann. Der hochgespannte Wechselstrom wird von dem städtischen Elektrizitätswerke zu dem Preise von 9 Pf./kW-st geliefert, während gewisser Stunden ist der Preis auf 15 Pf. erhöht. Es ist deshalb in Erwägung gezogen, den Speicher so zu vergrößern, daß er hinreichend Strom aufnehmen kann, um die Stromentnahme aus der städtischen Leitung während der teueren Stunden ganz zu vermeiden. Einstweilen ist der Speicher so groß bemessen, daß er während einer Stunde die gesamte Beleuchtung allein aufrecht erhalten kann. Es ist jedoch vorgesehen, daß für den Fall einer Unterbrechung des Strombezuges die durch besonderen Anstrich der Schalthebel kenntlich gemachten Stromkreise an der Hauptschalttafel, wie an den Unterschalttafeln, abgeschaltet werden. Alsdann genügt der Speicher zur Aufrechterhaltung des Betriebes der wichtigsten Teile des Beleuchtungsnetzes für drei Stunden. Bei regelmäßigem Betriebe übernimmt der Speicher allein die Tagesbeleuchtung von den Morgenstunden an, während alle Maschinen stillstehen. Etwa

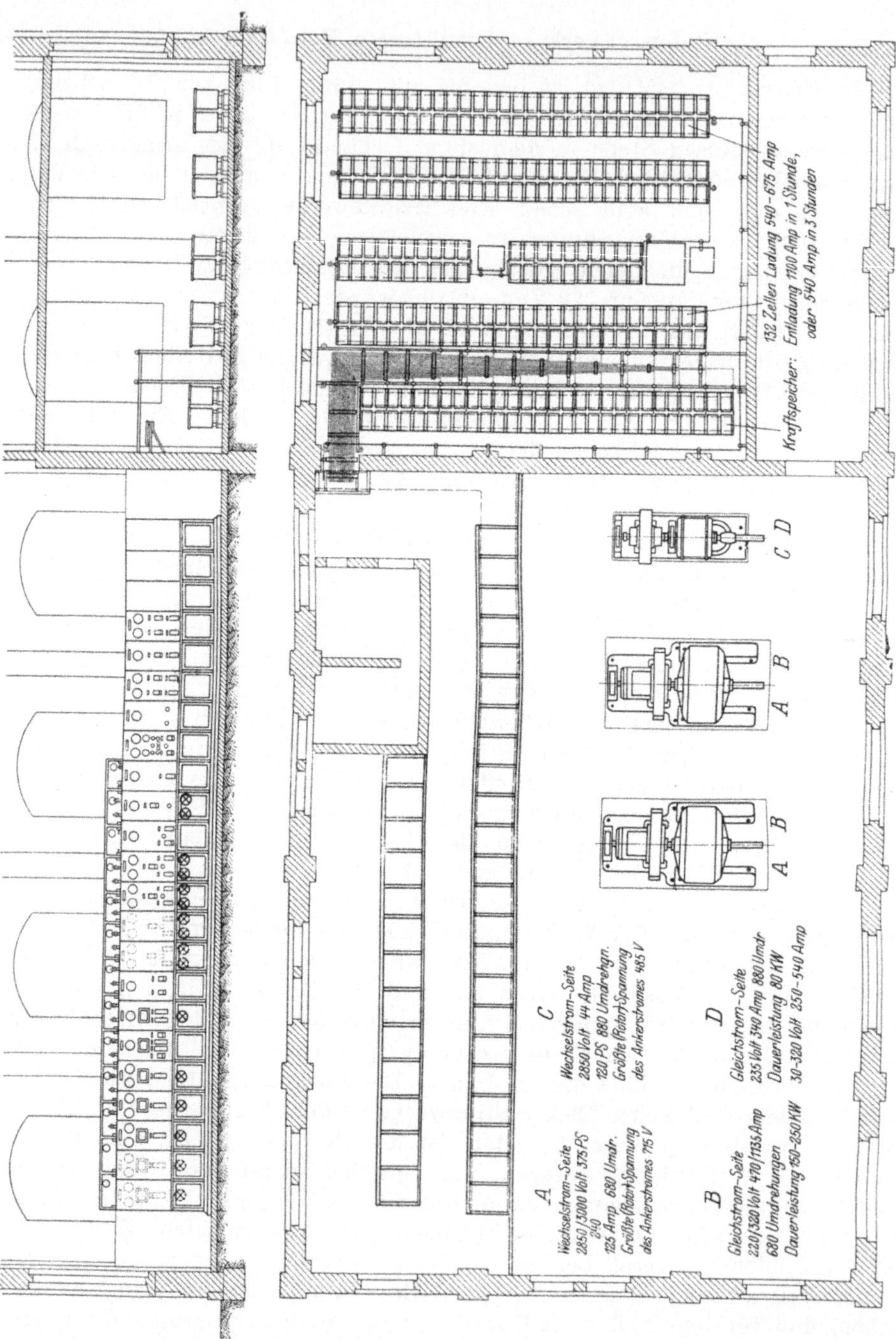

Abb. 57. Umformerwerk in Frankfurt a. Main.

vier Stunden vor dem Beginn des Abendbetriebes übernimmt die Lademaschine die Tagesbeleuchtung und beginnt gleichzeitig den Speicher
wieder aufzuladen. Aushilfsweise tritt, wie erwähnt, einer der beiden
großen Umformer bei Bedarf für die Lademaschine ein. Nach einer
etwaigen behobenen Betriebsstörung während der Nachtstunden, für deren

Dauer der Speicher allein den Beleuchtungsstrom geliefert hat, wird der Speicher so schnell wie möglich wieder durch einen der beiden großen Umformer mit der Lademaschine zusammen, oder, im Falle der Be-

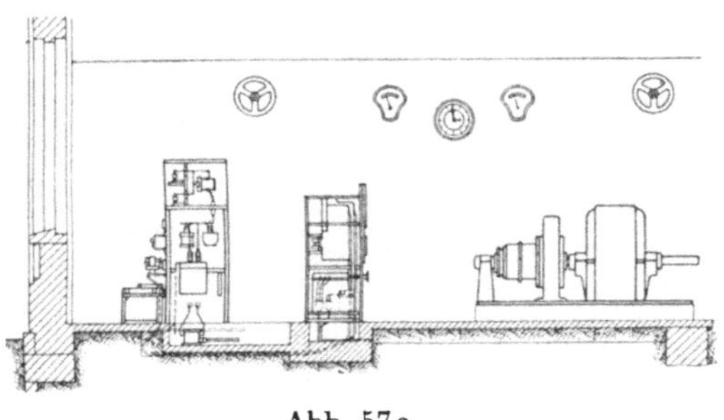

Abb. 57a.

schädigung einer dieser beiden Maschinen, durch die noch betriebsfähige allein aufgeladen, während der zweite der beiden großen Umformer wieder die Stromlieferung für das Netz übernimmt. Die Schaltanlagen sind frei aufgestellt und für den Fall erforderlicher Ausbesserungen gut zugänglich. Die Vorderseite der Schalttafel trägt nur Handräder, Bedienungshebel, Handgriffe und Meßwerkzeuge, alle Hochspannung führenden Teile sind ausschließlich in die hinter der Schaltanlage für Wechselstrom liegenden Betonzellen eingebaut. Die Hochspannungsschalter sind mit Fernantrieb versehen, nur für den Notfall ist Einrichtung zur Bedienung mittels außerhalb der Betonzellen aufgesetzter Handhebel getroffen.

Weitere Umformerwerke sind in Schlauroth, in Halle (Saale), in Darmstadt, in den Hauptwerkstätten Salbke und Burbach, in Völklingen, Bous, Saarlouis und Dillingen errichtet.

b) Umformerwerk in Schlauroth. (Abb. 58.)

Für den Bahnhof Schlauroth wird seitens des Elektrizitätswerkes der Stadt Görlitz Drehstrom von 3000 Volt Spannung geliefert und in ruhenden Umformern von 100, 52 und 20 kW Leistung auf 220 Volt herab-

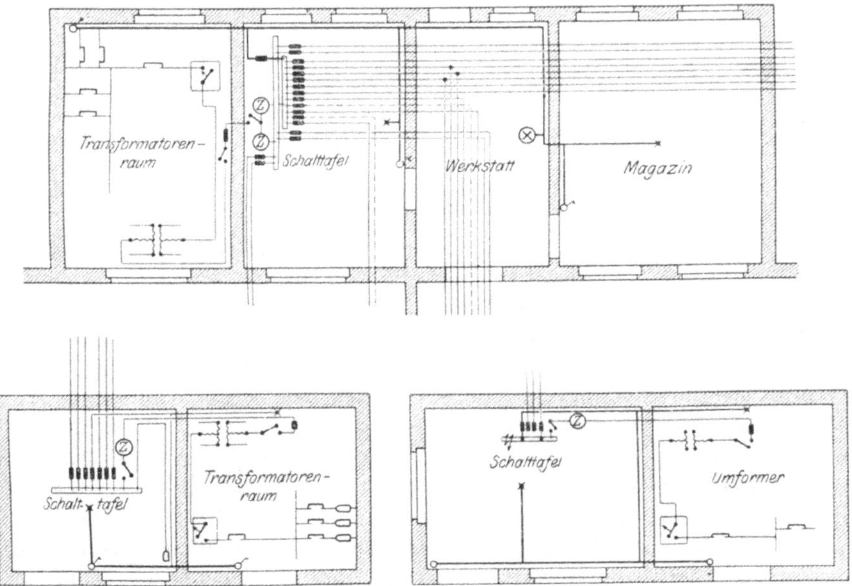

Abb. 58. Umformerwerk in Schlauroth.

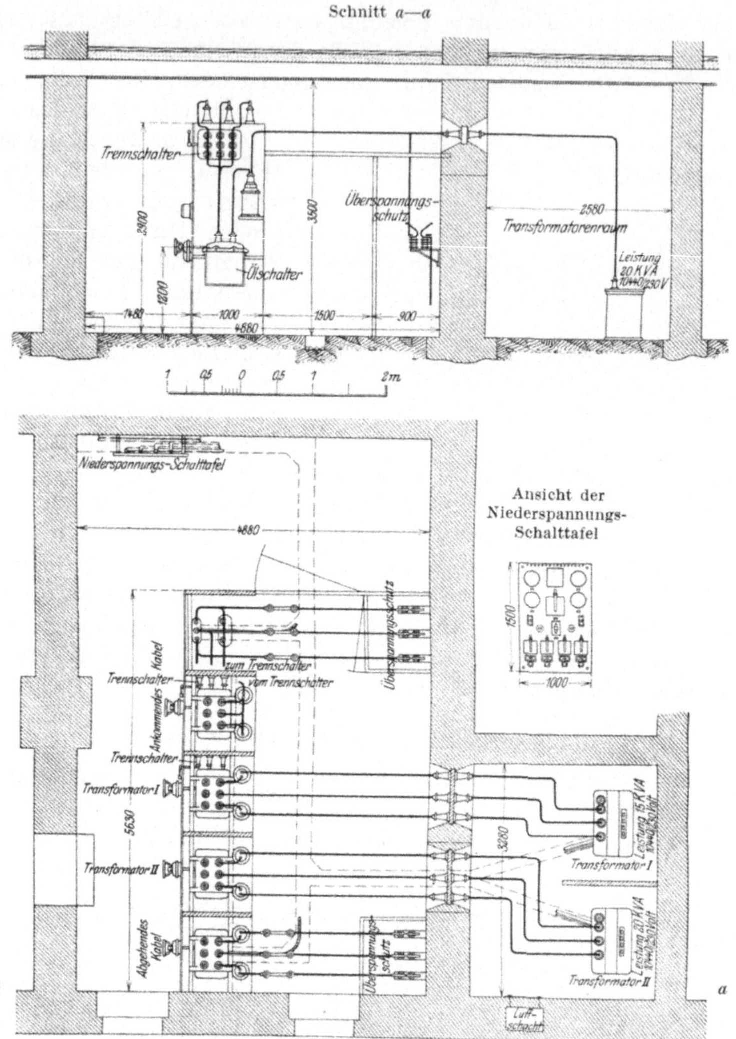

Abb. 59. Umformeranlage im Saargebiet.

gespannt. Der Eisenbahnverwaltung ist nur die Niederspannungsseite zugänglich. Die Zuleitung des Stromes zu den drei Umformen erfolgt durch zwei getrennte Hochspannungskabel. Der Grundpreis für den Drehstrom von 220 Volt Spannung beträgt 26 Pf. für 1 kW-st, mit der Maßgabe, daß nach Schluß des Rechnungsjahres ein Abzug von 1 v. H. für jede angefangene 100 Brennstunden bis zum Höchstbetrage von 30 v. H. gewährt wird. Von dem gesamten Stromverbrauch von 156 000 kW-st im Rechnungsjahre 1910 sind 8700 kW-st für den Kraftbedarf des Bahnhofes und der Betriebswerkstätte, 147 300 kW-st für die Beleuchtung des Bahnhofes mit 60 Wechselstrom-Flammenbogenlampen und 520 Glühlampen, verbraucht worden. Sämtliche Kraftmaschinen sind an eine besondere Leitung gelegt. Die Eisenbahnverwaltung ist an den Baukosten des Umformerwerkes nur mit rund 3000 M. beteiligt.

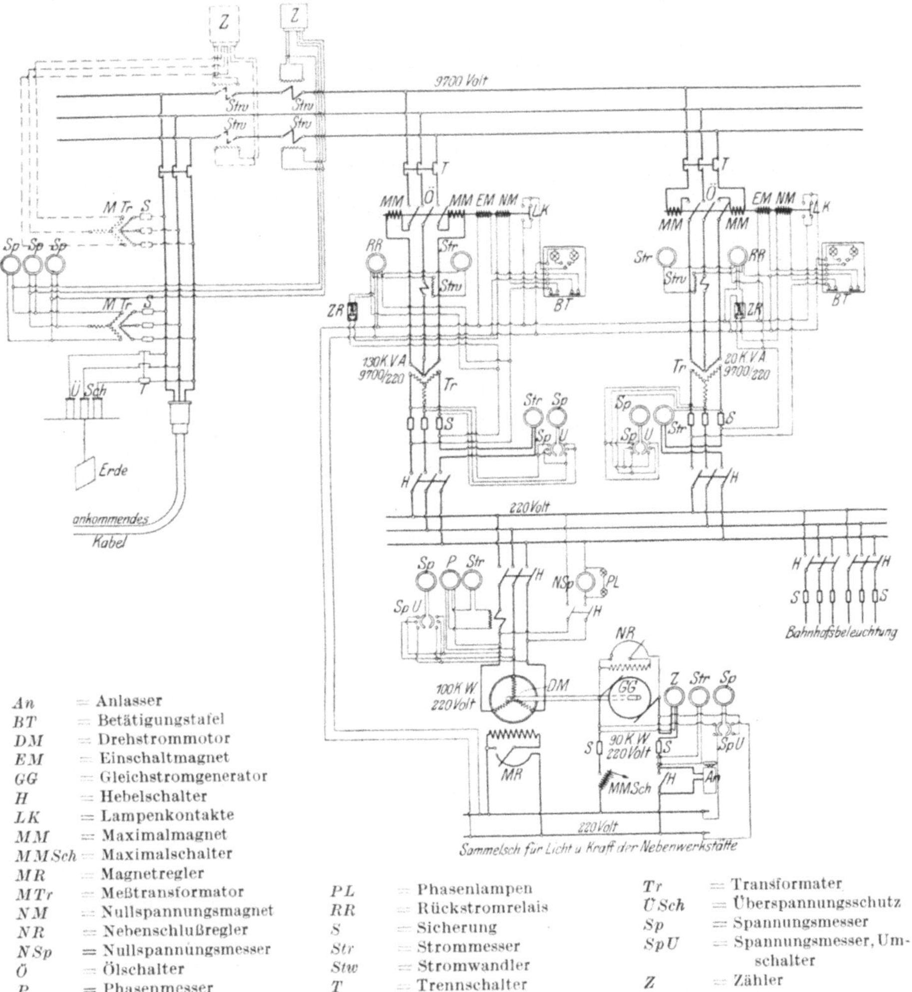

An	= Anlasser		
BT	= Betätigungstafel		
DM	= Drehstrommotor		
EM	= Einschaltmagnet		
GG	= Gleichstromgenerator		
H	= Hebelschalter		
LK	= Lampenkontakte		
MM	= Maximalmagnet		
MMSch	= Maximalschalter		
MR	= Magnetregler		
MTr	= Meßtransformator	*PL*	= Phasenlampen
NM	= Nullspannungsmagnet	*RR*	= Rückstromrelais
NR	= Nebenschlußregler	*S*	= Sicherung
NSp	= Nullspannungsmesser	*Str*	= Strommesser
Ö	= Ölschalter	*Stw*	= Stromwandler
P	= Phasenmesser	*T*	= Trennschalter

Tr	= Transformator
ÜSch	= Überspannungsschutz
Sp	= Spannungsmesser
SpU	= Spannungsmesser, Umschalter
Z	= Zähler

Abb. 60. Umformer- und Schaltanlage für das Saargebiet.

c) Umformerwerk in Halle (Saale).

In Halle (Saale) wird der von dem Städtischen Elektrizitätswerke bezogene Drehstrom von 3000 Volt Spannung in Gleichstrom von 230 Volt Spannung für Zweileiterschaltung umgeformt. Für später ist vorgesehen, daß an Stelle des städtischen Stromes Einphasen-Wechselstrom von 15 000 Volt Spannung aus dem Unterwerk Lützschena des Bahnbetriebes Magdeburg—Leipzig—Halle benutzt werden soll. Es sind deshalb Umformer solcher Bauart gewählt, daß demnächst ein Ersatz der Drehstromseite durch Einphasen-Wechselstrommaschinen für 3000 Volt Spannung ohne Änderung des Grundmauerwerkes leicht durchführbar ist. Die Herabspannung des Einphasenstroms von 15 000 auf 3000 Volt erfolgt alsdann durch besondere ruhende Spannungsumformer innerhalb desselben Umformerwerkes. Einstweilen wird der Hochspannungsstrom dem Umformerwerke durch zwei getrennte Hochspannungskabel zugeführt, von denen jedes für sich allein

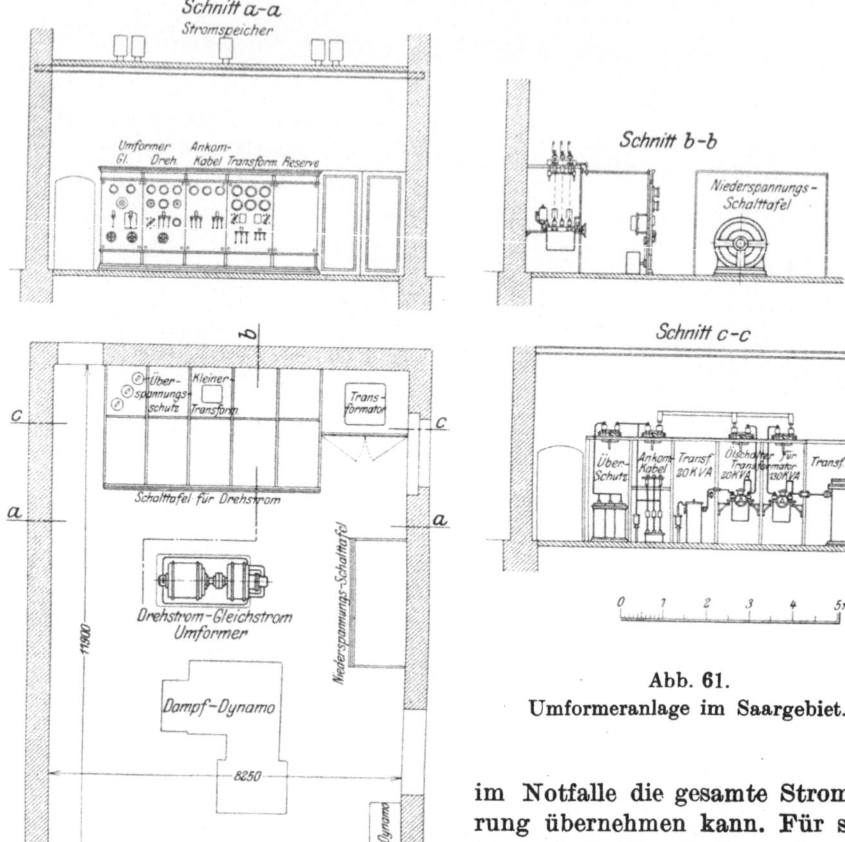

Abb. 61.
Umformeranlage im Saargebiet.

im Notfalle die gesamte Stromlieferung übernehmen kann. Für später ist auch die Beschaffung eines Speichers nebst den erforderlichen Lademaschinen vorgesehen. Die Baukosten des einstweilen angelegten Umformerwerkes betragen rund 37 200 M. für das Gebäude und das Grundmauerwerk der Maschinen, 105 000 M. für letztere selbst nebst Zubehör. Verwandt wird der Strom zum Kraftbetriebe und zur Beleuchtung der Hauptwerkstätte, und zur Beleuchtung des Bahnhofes. Der Bezugspreis für den Strom wird nach fallender Staffel berechnet. Es kosten: die ersten 100 000 kW-st je 10 Pf., die weiteren 100 000 kW-st allmählich fallend je 9; 8; 7,5; 7,0; 6,5 und 6,0 Pf.

d) Umformerwerk in Darmstadt.

In Darmstadt wird Drehstrom von 6000 Volt Spannung in Gleichstrom von 220 Volt für Licht und von 440 Volt für Kraftbetrieb umgeformt. Ebendort dient derselbe Drehstrom, nach Umformung in Gleichstrom von 350—465 Volt Spannung, zum Aufladen der Kraftspeicher von Triebwagen. Für den Bahnhof Worms wird zu gleichem Zwecke unmittelbar aus dem dortigen städtischen Elektrizitätswerke Gleichstrom von 440 Volt Spannung bezogen, der mittels zweier Nebenschluß-Stromerzeuger unter Stromrückgewinnung bis auf 340 Volt herabgespannt und bis auf 540 Volt in der Spannung gesteigert wird.

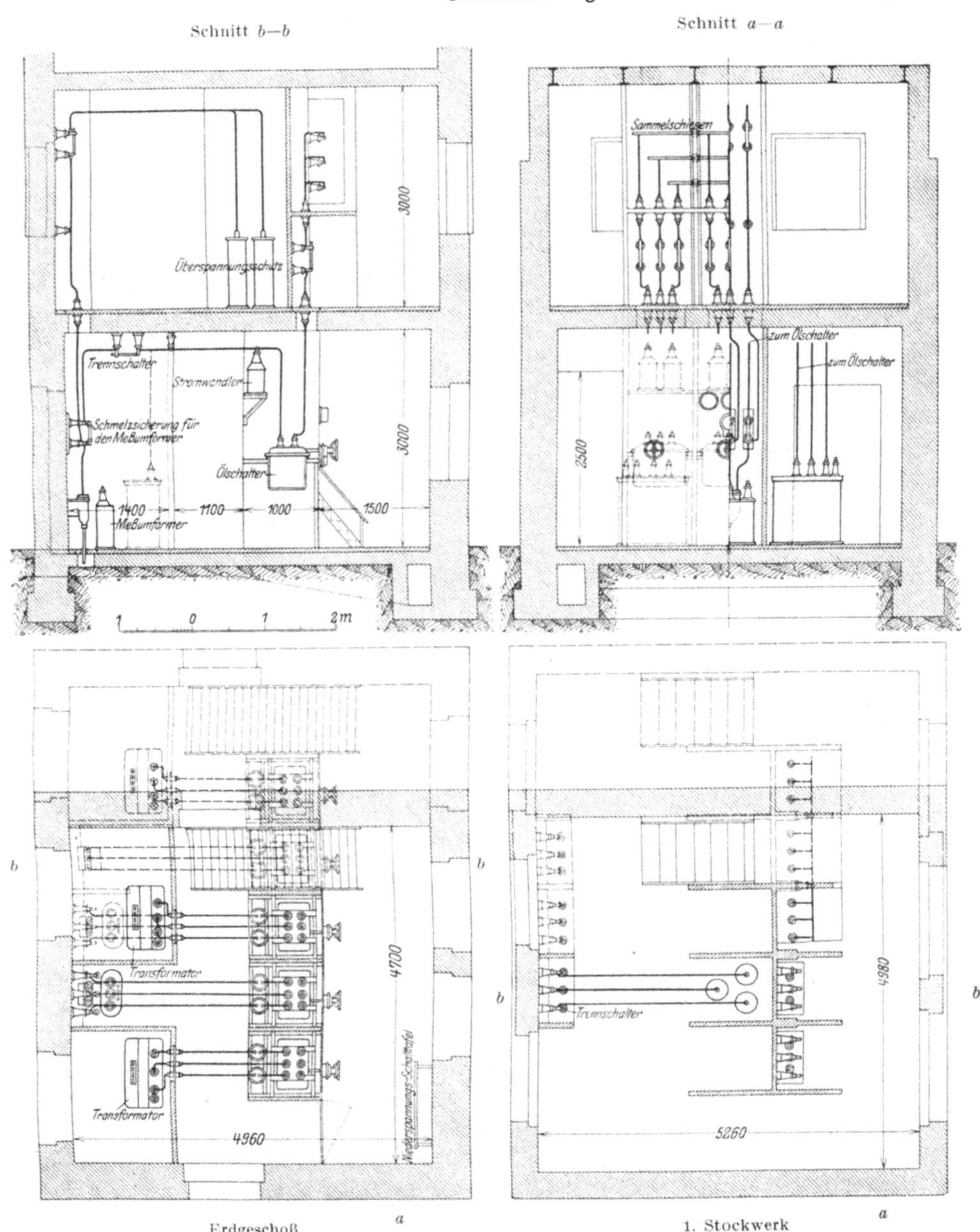

Abb. 62. Umformerwerk für das Saargebiet.

e) Umformerwerk in Salbke.

In Salbke beträgt die Spannung des von dem Elektrizitätswerke der Stadt Magdeburg gelieferten Drehstroms 10 000 Volt. Dieser Strom wird als Drehstrom nach Herabsetzung der Spannung auf 220 Volt für einen Teil der elektrischen Antriebmaschinen der Werkstätte und für die Außenbeleuchtung verwandt, während er zum andern Teil, für den Betrieb älterer Maschinen, in Drehstrom-Gleichstromumformern, die mit Drehstrom von 500 Volt Spannung betrieben werden, in Gleichstrom von 220 Volt Spannung umgewandelt wird.

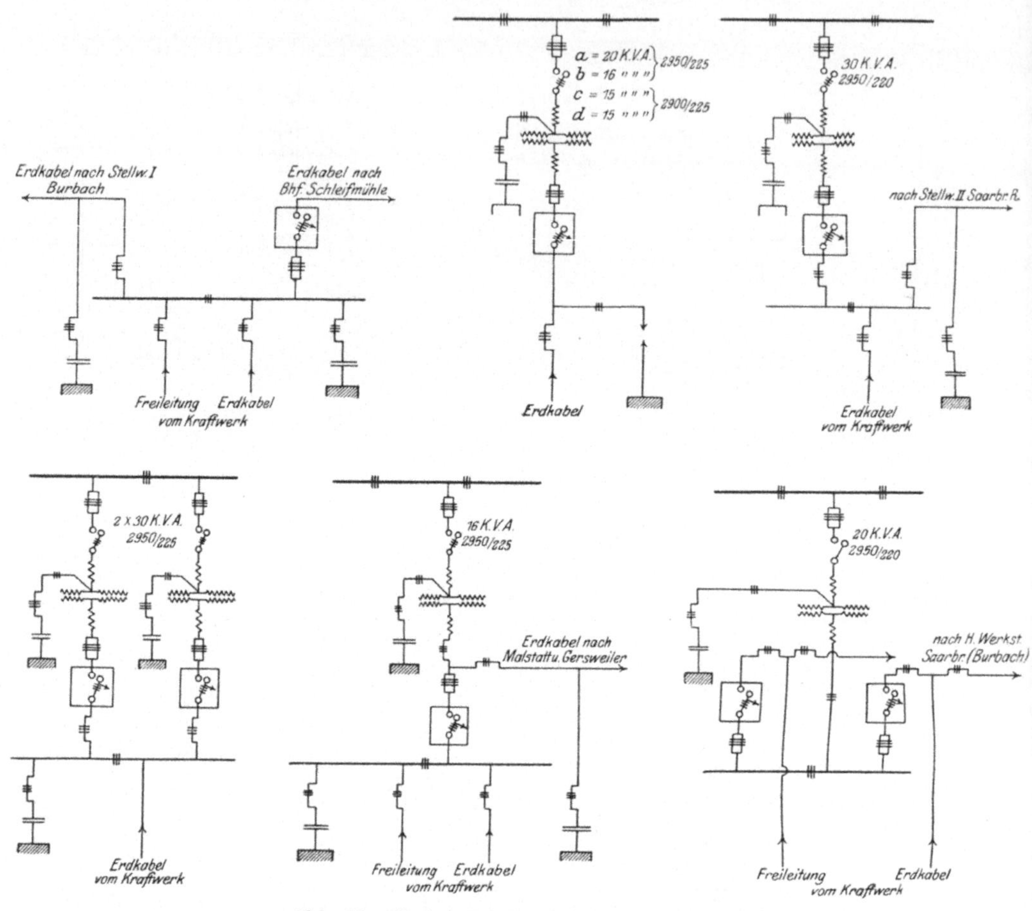

Abb. 63.   Umformeranlage in Saarbrücken.

f) Umformerwerk in Burbach.

Für die Werkstatt Burbach wird Drehstrom von 3000 Volt Spannung mittels einer 5,5 km langen Leitung aus dem bahneigenen Kraftwerke in Saarbrücken zu dem angerechneten Preise von 8 Pf. für 1 kW-st geliefert. Eine Umformung nach der Art des Stromes erfolgt nicht. Die Spannung wird in zwei Kernumformern mit Sternschaltung von je 200 kW Leistung und einem gleichartigen Umformer von 12 kW Leistung auf 220 Volt vermindert. Von drei Stellen aus kann das ganze, teils dem Kraft-, teils dem Lichtbetriebe dienende Leitungsnetz stromlos gemacht werden. Ein Stromspeicher mit 216 Amp-st Leistung ist für die Beleuchtung an Sonn- und Feiertagen vorgesehen. Der Stromverbrauch betrug im Rechnungsjahre 1910 rund 404 500 kW-st.

g) Umformerwerk im Saargebiet. (Abb. 59/66.)

Für die Bahnhöfe des Saargebietes wird Drehstrom von 10 000 Volt Spannung aus dem Netze der staatlichen Bergwerksverwaltung zu dem

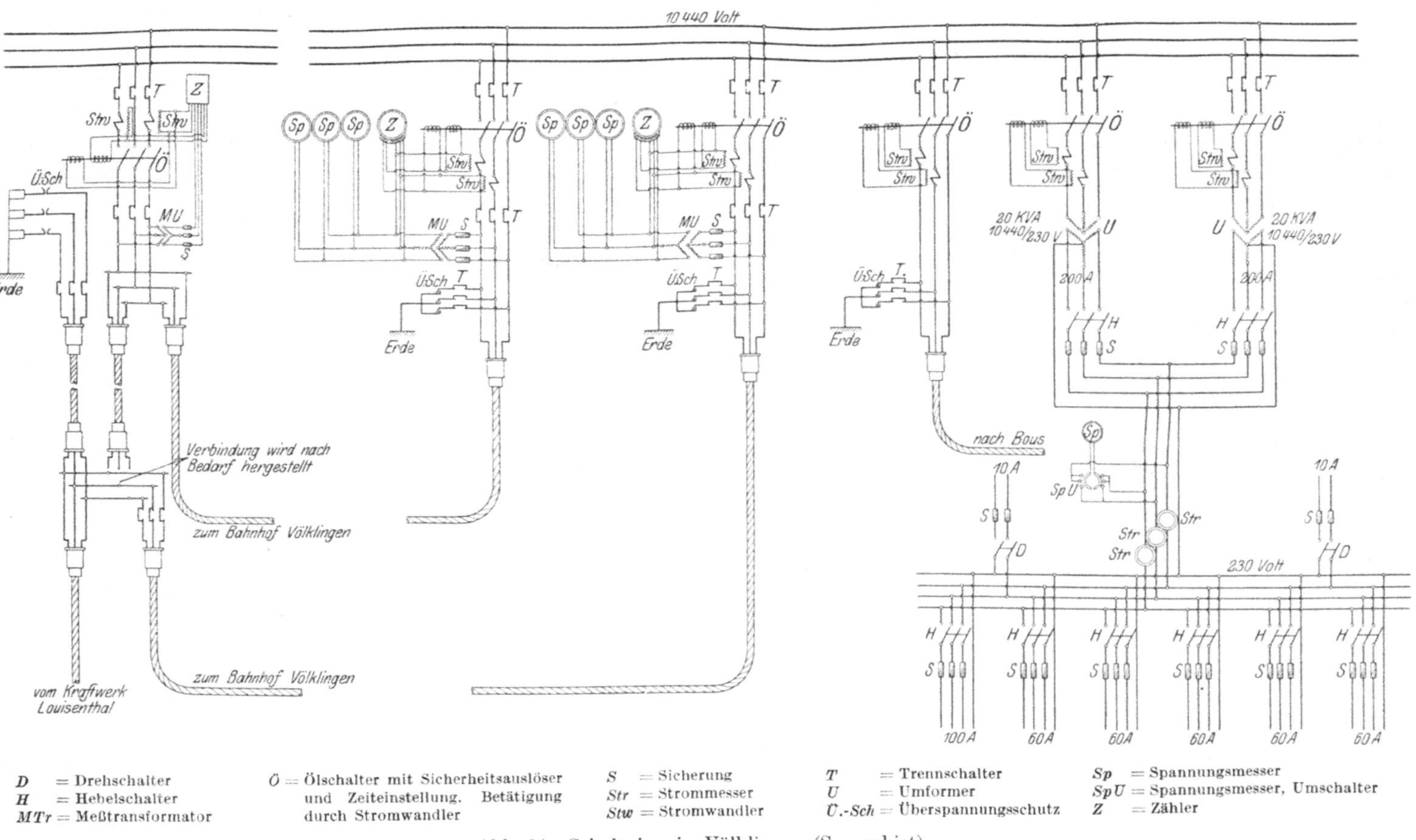

D = Drehschalter
H = Hebelschalter
MTr = Meßtransformator

Ö = Ölschalter mit Sicherheitsauslöser und Zeiteinstellung. Betätigung durch Stromwandler

S = Sicherung
Str = Strommesser
Stw = Stromwandler

T = Trennschalter
U = Umformer
Ü.-Sch = Überspannungsschutz

Sp = Spannungsmesser
SpU = Spannungsmesser, Umschalter
Z = Zähler

Abb. 64. Schaltplan in Völklingen (Saargebiet).

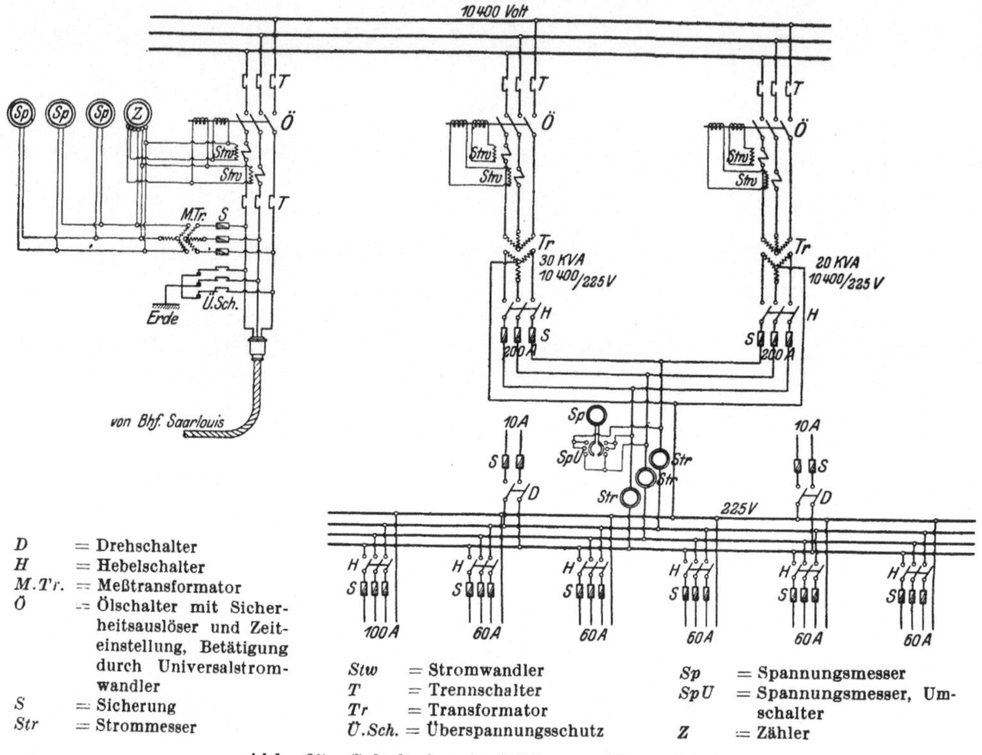

D = Drehschalter
H = Hebelschalter
M.Tr. = Meßtransformator
Ö = Ölschalter mit Sicherheitsauslöser und Zeiteinstellung, Betätigung durch Universalstromwandler
S = Sicherung
Str = Strommesser

Stw = Stromwandler
T = Trennschalter
Tr = Transformator
Ü.Sch. = Überspannungsschutz

Sp = Spannungsmesser
SpU = Spannungsmesser, Umschalter
Z = Zähler

Abb. 65. Schaltplan in Dillingen (Saargebiet).

Preise von 5 Pf. für 1 kW-st hochspannungsseitig bezogen. Die Umformung erfolgt durchweg lediglich der Spannung nach durch Herabsetzung dieser auf 220 bis 225 Volt.

J. Kesselfeuerung mit minderwertigem Brennstoff.

Druckluftmischfeuerung für Rauchkammerlösche, vereinigt mit Teerfeuerung. (Abb. 67.)

Stabroste mit natürlichem Zuge sind zur Verfeuerung der sehr feinkörnigen Rauchkammerlösche, ohne Beimischung von Grieskohle, nicht geeignet. Bei der von der Laubaner Maschinenfabrik und Eisengießerei J. Schwartzkopff in Lauban für das Kraftwerk in Erfurt gelieferten Feuerungsanlage sind als Roste Platten mit eingelochten düsenförmigen Öffnungen für ein Unterwindgebläse verwandt. Durch den Unterwind werden die Düsen frei von Brennstoff erhalten. Bei stark schlackenbildendem Brennstoff ist ein Dampfstrahlgebläse am geeignetsten zur Erzeugung des Unterwindes. Die Rostplatten werden dadurch gekühlt und geschont und das Anbacken der Schlacken verhindert. Durch das Dampfstrahlgebläse wird ferner, zum Teil infolge von Wassergasbildung, der Wärmegrad der Verbrennung erhöht. Die Düsenöffnungen in den Rostplatten sind ungleich verteilt und sind in der Rostmitte weiter auseinander gelegt als an der Schürplatte und nahe der Feuerbrücke. Gleichmäßige Verteilung des Gebläsewindes wird durch einen löffelartigen, an der Mündung des Gebläses unter dem Roste angeordneten und in der Höhenlage verstellbaren Ver-

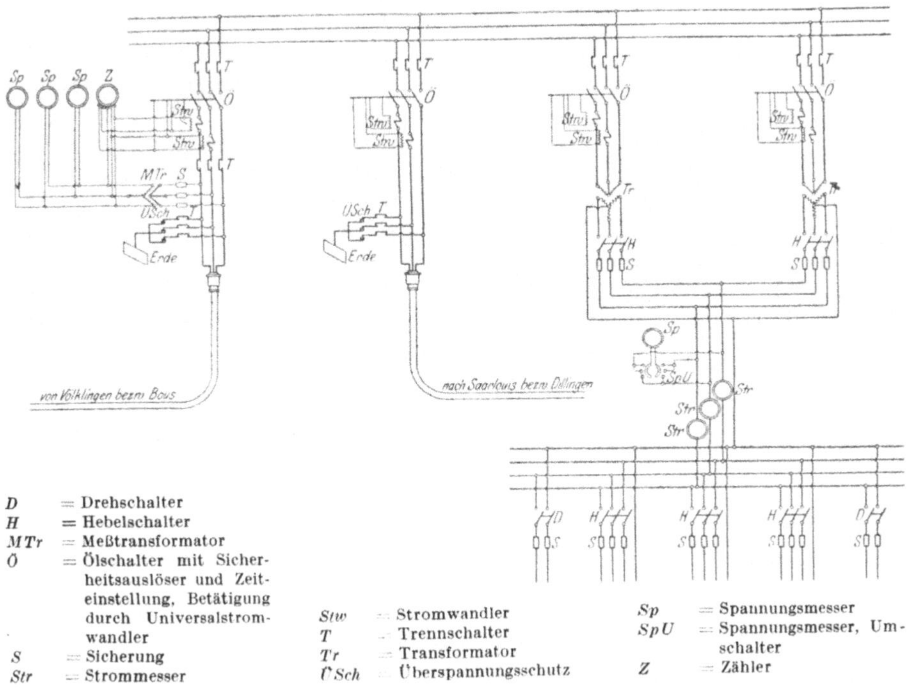

D = Drehschalter
H = Hebelschalter
MTr = Meßtransformator
Ö = Ölschalter mit Sicherheitsauslöser und Zeiteinstellung, Betätigung durch Universalstromwandler
S = Sicherung
Str = Strommesser

Stw = Stromwandler
T = Trennschalter
Tr = Transformator
USch = Überspannungsschutz

Sp = Spannungsmesser
SpU = Spannungsmesser, Umschalter
Z = Zähler

Abb. 66. Schaltplan für Bous und Saarlouis.

Bous = 1 Transformator 30 KVA 10 440/230 Volt u. desgl. 15 KVA 10 440/230 Volt.
Saarlouis = 1 Transformator 20 KVA 10 440/230 Volt u. desgl. 15 KVA 10 440/230 Volt.

teiler erzielt. Dis zweckmäßigste Form der Düsen und des Gebläsehalses ist durch Versuche ermittelt. Gesättigter Dampf wirkt besser als überhitzter. Bei größeren Anlagen empfiehlt sich die Verwendung eines Satzes von kleineren Einheiten, ausreichend für je 1 qm Rostfläche, indem hierbei die wirtschaftlichste Leistung erreicht wird. Der gesamte Dampfverbrauch des Unterwindgebläses beträgt bei einem Kesseldruck von 10 bis 12 at etwa 5 v. H., und bei einem Kesseldrucke von nur 4 bis 5 at, etwa 8 bis 10 v. H. der gesamten Dampferzeugung des Kessels.

Den höchsten Heizwert von etwa 5000 bis 6000 WE/kg und den geringsten Gehalt an Asche, Schlacken und Sand, etwa 15 bis 20 v. H., hat die Rauchkammerlösche schnellfahrender Lokomotiven, während die von Lokomotiven für gewöhnliche Güterzüge einen Heizwert von nur etwa 4000 bis 5000 WE/kg besitzt und ihr Gehalt an tauben Bestandteilen auf 20 bis 30 v. H. steigt. Eine geringe Zugabe von Grieskohle kann zweckmäßig sein, vor allem wird aber bei der für Erfurt gelieferten Feuerungsanlage erwärmter und dadurch dünnflüssig gemachter Ölgasteer in fein zerstäubtem Zustande in den Feuerungsraum eingeführt. Zur Zerstäubung des Teers ist die Zuhilfenahme strömenden Dampfes erforderlich, dem der Teer aus einer feinen Öffnung in entsprechend dünnem Strahle zugeführt wird. Durch die vorhergehende Erwärmung in einem auf dem Dampfkessel angeordneten Behälter, mittels einer Dampfschlange, wird das Ammoniakwasser vorher aus dem Teer ausgeschieden. Die für Erfurt gelieferte Einrichtung ist für Verfeuerung von etwa 30 bis 100 kg Teer/st in jedem Kessel berechnet. Der erwärmte Teer fließt der über der Feuertür eingebauten Mischdüse des Zerstäubers durch den natürlichen Gefälledruck zu. Die Zuleitungsrohre sind dicht neben den Dampfleitungsrohren verlegt und mit diesen zusammen gegen Wärmeverluste geschützt. Mittels zweier auf einen Unterdruck von etwa 7 mm im Feuerraum berechneten Ventile wird dem Zerstäuber die erforderliche Verbrennungsluft zugeführt. Dicht über der Mischdüse ist ein Trichter mit Filtersieb zur Abhaltung von Unreinigkeiten angeordnet, außerdem sind Hähne mit Einrichtung zum Durchstoßen an den Enden der Teerleitungsrohre vorgesehen. Die Roste sind so groß gewählt, daß sie auch ohne Teerzusatz, für Verfeuerung eines Gemisches

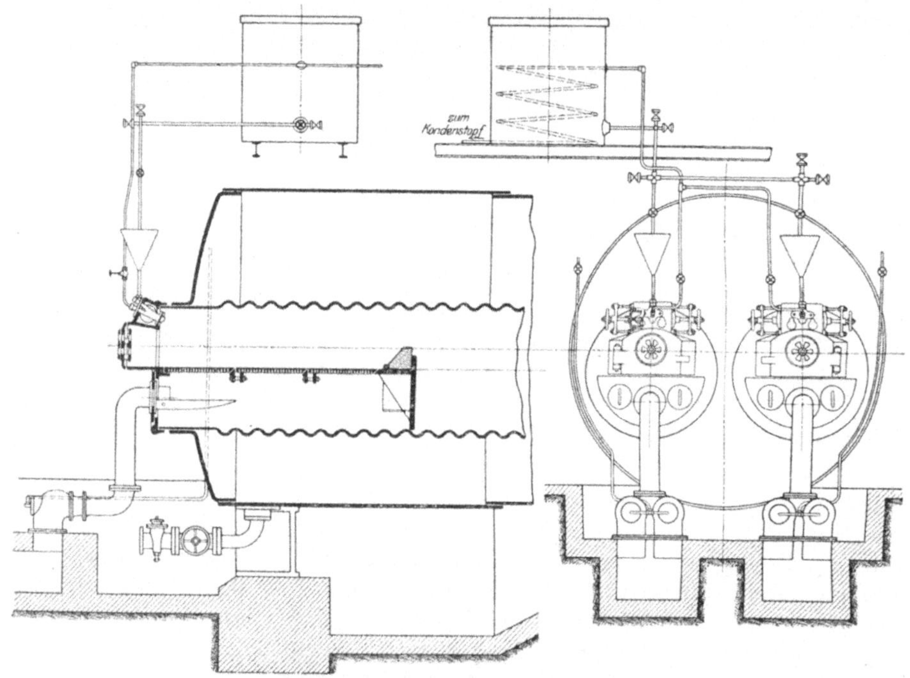

Abb. 67. Druckluftmischfeuerung in Erfurt.

von etwa ein Viertel bis ein Drittel Kohlenstaub und drei Viertel bis zwei Drittel Lösche ausreichen.

Die Kosten der in Erfurt getroffenen Einrichtung für einen Zweiflammrohrkessel von etwa 100 qm Heizfläche haben einschließlich der Rostanlage und einer eisernen Teerpumpe mit Kugelventilen, sowie einschließlich der Kosten der Aufstellung und Inbetriebsetzung, 2427 M. betragen. Hierzu kommen noch etwa 500 M. für Herstellung der Luftzuführungskanäle.

Auf Zechen des Oberbergamtsbezirkes Dortmund ist bei Verfeuerung von Koksasche eine Verminderung des Überreißens unverbrannter Brennstoffteile und eine durch Untersuchung der Rauchgase nachgewiesene bessere Verbrennung dadurch erzielt worden, daß die Roststäbe eines gewöhnlichen Planrostes nach Angabe von Hermanns quer statt längs gestellt wurden[1]).

---

[1]) Glückauf 1912, S. 1124—1126.

Druckfehlerberichtigung.

Seite 82, Tabelle, vorletzte Zeile Spalte 3 lies **73** statt 156.
 „   82,   „   „   „   „   6 „ **91**   „   182.
 „   82,   „   „   „   „   9 „ **111** „   224.
 „   82,   „   letzte   „   „   6 „ **3,37** „   3,32.
 „   82,   „   „   „   „   7 „ **7,4** „   1,8.